U0625796

TRAP TALES

OUTSMARTING THE 7 HIDDEN OBSTACLES TO SUCCESS

如何识别人生陷阱

[美] 大卫·M. R. 柯维 David M. R. Covey 斯蒂芬·M. 玛蒂克斯 Stephan M. Mardyks 著

还不知道你为什么
把人生过成这样吗?

中国青年出版社
CHINA YOUTH PRESS

图书在版编目（CIP）数据

如何识别人生陷阱：还不知道你为什么把人生过成这样吗 /
（美）大卫·M. R. 柯维，（美）斯蒂芬·M. 玛蒂克斯著；郑晓梅译.
—北京：中国青年出版社，2020.1
书名原文: Trap Tales: Outsmarting the 7 Hidden Obstacles to Success
ISBN 978-7-5153-5619-8
Ⅰ. ①如… Ⅱ. ①大… ②斯… ③郑… Ⅲ. ①成功心理—通俗读物 Ⅳ. ①B848.4-49
中国版本图书馆CIP数据核字（2019）第101119号

Trap Tales: Outsmarting the 7 Hidden Obstacles to Success by David M. R. Covey, Stephan M. Mardyks
Copyright © 2017 by John Wiley and Sons, Inc.
This translation Published under license with the original publisher John Wiley & Sons, Inc.
Simplified Chinese translation copyright © 2019 by China Youth Press.
All rights reserved.

如何识别人生陷阱：
还不知道你为什么把人生过成这样吗

作　　者：［美］大卫·M. R. 柯维　斯蒂芬·M. 玛蒂克斯
译　　者：郑晓梅
责任编辑：肖妩嫔
文字编辑：王诗悦
美术编辑：佟雪莹
出　　版：中国青年出版社
发　　行：北京中青文文化传媒有限公司
电　　话：010-6551272/65516873
公司网址：www.cyb.com.cn
购书网址：zqwts.tmall.com
印　　刷：大厂回族自治县益利印刷有限公司
版　　次：2020年1月第1版
印　　次：2023年3月第2次印刷
开　　本：880 × 1230　1/16
字　　数：152千字
印　　张：13
京权图字：01-2018-6248
书　　号：ISBN 978-7-5153-5619-8
定　　价：69.00元

版权声明

未经出版人事先书面许可，对本出版物的任何部分不得以任何方式或途径复制或传播，包括但不限于复印、录制、录音，或通过任何数据库、在线信息、数字化产品或可检索的系统。

中青版图书，版权所有，盗版必究

赞言

《如何识别人生陷阱》取得了巨大的成功！本书揭示了给生活之旅平添障碍的七个陷阱。大卫·柯维和斯蒂芬·玛蒂克斯列举了清晰易懂的例子，号召读者采取行动，并提供了工具，能帮你避开、逃脱这些陷阱。阅读这本书，运用书中的智慧，过好生活。

——畅销书《一分钟经理人》《更高层面的领导》作者肯·布兰佳

哇！多棒的一本书啊，我发现自己被这个故事迷住了。慢慢地，读者真的很关心柯维和玛蒂克斯在书中所创造的人物，想知道他们后来发生了什么故事。引人深思的故事，再加上非常有见地的内容、有创意的比喻以及相关性高的例子，让我从头到尾全身心地投入，我真的很喜欢这本书。

——人类行为研究所联合创始人、著名行为心理学家、畅销书作家吉姆·洛尔柯维和玛蒂克斯这对搭档充满了活力！他们打破了常规，为我们带来了一本充满希望、与众不同的书——一本证明我们能够改变生活轨迹的书。如果你觉得自己受形式所困，或者被陈旧的思维模式所困，那就读读这本《如何识别人生陷阱》，然后突破自我吧！

——畅销书《成为乘法领导者》《新鲜感》作者利兹·怀斯曼

只要你有兴趣学习如何躲开生活中的陷阱，就肯定会喜欢读《如何识别人生陷阱》，里面的故事引人入胜。柯维和玛蒂克斯讲的人生故事让人眼界大开，里面宝贵的人生智慧可以指引各个年龄段的人。

——畅销书作家、演说家、企业家斯特德曼·格雷厄姆

在个人和组织发展领域，很少有人能对所有领域提出更全面的看法。我强烈推荐仔细阅读本书，应用柯维和玛蒂克斯积累的智慧，以发现生活中最微妙、危害最大的陷阱，并摆脱这些陷阱。

——活力睿智训练中心联合创始人、畅销书《关键对话》合著者约瑟夫·格雷尼

不仅是精神和身体上的自由……这是人类的核心需求。陷阱套住我们，让我们成为囚徒，不健康地循环往复。《如何识别人生陷阱》向你传授了极其宝贵的智慧，让你获得真正的自由。这本书是你打开自由之门的钥匙。

——畅销书《吃掉那只青蛙》作者博恩·崔西

如果天生眼睛就像X光一样，是不是很棒呢？想象一下，你能看到前

面有什么东西，或者能看到拐弯后会碰到什么，你知道一路上将碰到什么样的障碍。这本书很有趣，按照这本书做，读者就能做到上面说的，非常神奇！

——畅销书《活出喜悦》作者、《微弹性》合著者邦妮·圣约翰

大卫和斯蒂芬发现了生活和工作中最常见的绊脚石，他们提出了一套实用的技巧，引导我们越过这些绊脚石。这本指南易于理解，让我们摆脱这些难缠的绊脚石！

——畅销书《搞定：无压工作的艺术》作者戴维·艾伦

我一直认为，只有付出努力，亲身经历过，才能获得智慧，但《如何识别人生陷阱》证明我错了。书中给出了很多建议，你完全可以照着行动。读了这本书，就会学到一些很具体的策略，在避免最常见的错误的同时，不会错过生活中最重要的时刻。

——畅销书《提问的艺术》《终身客户》作者安德鲁·索贝尔

这本书讨论的主题远比商业成功要重要得多。恰恰相反，这部卓越的作品探讨了如何获得人生成功。书中提出了很多实用的建议，教人们避免、摆脱可能会落入的陷阱。对于那些无意中掉入陷阱的人来说，这本书为他们敲响了有力的警钟。这本书形象地描述了一些陷阱会产生的后果，在陷阱边设置了警示牌。

——曾格·佛克曼咨询公司首席执行官、畅销书《卓越领导》合著者杰克·曾格

把我们遇到的挑战看作是陷阱，这为我们所有人提供了一个令人信服的新框架，足以改变我们当前的困境。这本书充满了见解和方法，令人惊喜。

——九次荣登《纽约时报》畅销书的作家唐·耶格尔

从故事的角度分析，作者对故事的处理恰到好处，值得我们欣赏——书中的角色很丰富，他们的挣扎和痛苦令人信服，向我们传递了极有影响力的概念。大卫和斯蒂芬开创了基于故事写商业类书籍的先河。

——第二视觉工作室导演温蒂·古尔利、艾米·怀特

目 录
CONTENTS

前　　言	**走出人生的七重困境**	009
第一部分	**亚历克斯的故事**	013
	故事开始了	015
	“陷阱学”	028
第二部分	**生活的七个陷阱**	041
	第一个陷阱：婚姻陷阱	043
	第二个陷阱：金钱陷阱	059
	第三个陷阱：专注陷阱	080
	第四个陷阱：改变陷阱	107
	第五个陷阱：学习陷阱	128
	第六个陷阱：事业陷阱	148
	第七个陷阱：目标陷阱	172

| 第三部分 | 惊喜的完美之旅 183

陷阱学家的工具箱 191

陷阱的四个特点 191

进阶的四个阶段 191

七个陷阱的启示 193

前言

走出人生的七重困境

你可能觉得，信任自家兄弟理所当然，因为你们血脉相连，但很多家庭并非如此。幸运的是，在我们家，可以信任自家兄弟！

我从出生起就认识大卫了。我很感恩能和大家分享这本书的前言，这本书可能改变你的思维，影响你的余生。我不仅和大卫有血缘关系，而且还和他在许多领域共事过，我真的很信任他，不仅仅是因为我们一母同胞，也不仅仅是因为他性格纯正。当然，要有公信力，性格很重要，但能力也很重要。大卫的能力就很强，他有独特的洞察力、能力、观点和专业知识。和他一起共事过的人，还有他以前的下属，总说他们从没遇到过像他这么好的领导。而且，和他在一起还很有趣！大卫很真实，非常关心别人，能让一切都很愉悦。

斯蒂芬是法裔得克萨斯人，思想深刻，极为支持智能信托（Smart Trust）。我亲切地称他为“神秘的国际人”，因为他游历了很多地方，见识广，为世界各地很多人、很多组织悄悄地做了很多好事。他的性格和能力与大卫不相上下，而且，对于独特、深刻的事情，他的直觉像策展人一样敏锐。什么是直觉？我讲一个故事，你就知道斯蒂芬有怎样“勇于尝试”的信念，也知道他在选择信任之人时多么明智。在启动“信任的速度”这个项目时，我去拜访了斯蒂芬，希望他的公司能将我们的项目推广到世界各地。斯蒂芬仔细地听了我的介绍，问了几个问题，就把手伸过来，说：“这个项目肯定能做大，咱们行动起来吧！我相信你，我们能搞定。”没有冗长的谈判，也没有为了协议条款没完没了来来回回地商量（是的，后来，我们根据这短短30分钟内达成的决策，谈好了相关的细节）。我与斯蒂芬的合作有力地证实了关于信任的一些原则，而这些正是我在书中所写到的。

大卫和斯蒂芬两个人组成了特别棒的团队，而且他们合作已经有很多年了。写这本书，二人刚好优势互补。他们两个都是那种“努力实现梦想”的人，两人一直颇有成就。他们都拥有创业优势、敏锐的商业直觉、鼓舞人心的领导技能，以及自然就能信任别人的能力。他们相信别人，而且会经过思考和分析来决定信任的尺度，从而做出明智的判断。他们俩通过一个故事说出在工作和生活中取得成功的原则，我一点也不惊讶。他们认为应该少说话，多做事，好好学习。

现在让我告诉你，你将开始怎样奇妙的阅读！

要躲开陷阱，首先得看到陷阱。你会感同身受，随主人公亚历克斯一起，在世交维多利亚的指导下觉醒，因为他意识到，自己已经愚蠢地陷入了大卫和斯蒂芬所说的“通往成功之路上暗藏的七个陷阱”。这些陷阱不但影响了亚历克斯的职业生涯，更多的是，影响了他自己，也影响了他的家庭生活。这七个陷阱很有迷惑性和诱惑力，却很难被察觉。幸运的是，亚历克斯选择从这些陷阱中解脱出来——但讲这个故事，并不是为了体验亚历克斯改变后带来的解脱——而是为了让我们看到，这七个常见的陷阱是如何奴役我们每个人的。

也许你没有落入所有的陷阱，但你关心的人可能会在无意间走入这些陷阱，可能会受伤，可能会受困。至少，你们实现自己梦想的道路可能会被阻断。你会发现，就像这个故事里的主人公亚历克斯一样，从这些陷阱中逃脱需要时间，但你可以找到出路。

大卫和斯蒂芬明确了七个陷阱，对于每个陷阱，他们都给出了相应的"顿悟式突破"。如果读者们熟悉我父亲史蒂芬·柯维的作品，就知道这其实是"范式转换"的另外一种说法——我知道范式可以转变。这些顿悟并不是在某些时刻突然明晰起来的，但却可以改变以后的时光。我们父亲以前经常引用托马斯·库恩所著的《科学革命的结构》中的说法——大多数科学突破其实是一种决裂——也就是说，勇敢地与传统的思维方式决裂，大卫和斯蒂芬正是这样。摆脱陷阱，他们没有依赖传统智慧，而是提供了尤里卡式的方法，帮助你发现并选择一条新的前进道路，这样不仅可以逃出陷阱，未来还可以避开陷阱。

或许你想知道这七个陷阱和相应的顿悟从何而来，如果你可以读完几百本提高人力绩效和组织绩效的书呢？如果你能和作者深谈呢？如果你能参加他们的项目呢？如果你可以采访几十个国家的数百名企业主，了解他们为了发展业务，为了改变社区和国家，面临什么样的挑战，那会怎样？斯蒂芬和大卫做到了上面那些事，他们是SMCOV的合作伙伴，SMCOV

帮助作者和培训公司（通过书籍和项目）将想法和方法推广到全球。除此之外，他们曾在富兰克林·柯维公司、DOOR国际公司和雷神学习公司（Raytheon Learning）担任过高级领导，这些经历让他们可以用非常实用的方法来应对现在困扰大多数人的挑战。

他们俩非常可靠，并且知道自己在说什么。这七个陷阱很真实，会困住那些无知、愚蠢的人们。这让我想起了我对“信任”的研究，同样，人们只有亲身经历后才能意识到其重要性。相信你会发现这个故事所讨论的陷阱将真正影响你的行为和快乐，从而影响你的事业和生活。

也许这本书给予你最好的礼物是希望。如果你发现自己像这个故事中的主人公一样，不如自己所愿，掉入了一个或几个陷阱，那么，知道自己可以从陷阱中逃出去，而且不会再掉入陷阱，这点很重要。所以，帮你关心的人也从陷阱中逃出去吧，在此过程中，你还将获得别的好处：更加自信，并为他人所信赖，最终成为一个值得信任的人。

——史蒂芬·M. R. 柯维

富兰克林·柯维公司“信任的速度”项目

联合创始人及全球实践领导者、

《信任的速度》作者、

柯维领导力中心前首席执行官

| 第一部分 |

亚历克斯的故事

PART 1: ALEX'S STORY

故事开始了

亚历克斯轻轻地踩下新买的豪华敞篷车的加速踏板，脸上露出难以抑制的微笑。这辆黑色的汽车，以一种令他头晕的爆发力，平顺地完成了每小时0到60英里的加速。

他把车开进州际公路的快车道里，若有所思地说："这才是生活嘛！什么都比不上新皮子的味道！"

按一下按钮，把车篷收起来，整个人立刻沐浴在南加州的煦日下，阵阵风吹过他的头发。他向后视镜里瞄了一眼，都被镜子里的自己震到了。"我看起来真不错！"他觉得自己很年轻，好久好久没有这种感觉了！

亚历克斯住在洛杉矶一个高档小区里，开着敞篷车，回家的路好像也变短了，一会儿就到了。几乎一眨眼的工夫，他就把闪闪发光的新家伙停在房子前面。老婆和孩子看见这么炫酷的新车，该多兴奋呀！他都等不及跟他们吹嘘这次出乎意料的行动了，也等不及看他们的反应了。这个买卖太合适，让人根本无法拒绝。他刚刚试开了一下，就开始讨论定金的事情，感觉自己还没有搞清楚状况，就把车开出卖场了！

亚历克斯蹦上了门前的台阶，迅速穿过前门，像个年轻小伙子一样精力充沛。

他嚷道："金姆，孩子们，快出来，我要给你们看个东西！"

两个孩子都只有十几岁，他们懒洋洋地躺在客厅里，听到爸爸在喊，连头都没有抬一下。金姆在桌子前坐着，正埋头计算家里的花销，她抬起头，疑惑地看着他。

"你怎么这么兴奋？"她问道。

"来嘛！赶紧出来看看。"他说着，拉着她的手，几乎把她从前门拉了出去。

他感觉，看到一辆闪闪发光的新车停在房子前面，她突然呆住了。除了怀疑，在她脸上，还充满了绝望。这根本就不是他希望看到的反应。

"怎么啦？有什么问题吗？"他着急地问。

金姆无力地坐在了前门的台阶上，看上去好像随时会瘫倒。"亚历克斯，你都干了什么呀？你原来的车呢？这辆敞篷车是从哪里来的？"她上气不接下气地问道。

"我这车买得最实惠了！你不必伤脑筋，咱们的钱够用。因为我首付用的是现金，8000美元，所以咱们拿到了最低利率。"

"你是开玩笑的吧！你是开玩笑的吧！"

"金姆，老实说，你反应过度了！"亚历克斯回答说。

"我反应过度？"金姆不敢相信自己的耳朵，叫了起来，"那8000美元去夏威夷旅行的时候要用！我们今年就攒了那么点钱！你就那么随随便便一下子就花光了……买车都不商量一下？想买就买？不商量？太不可思议了！"

"可是，查斯说以后再也没这么合适的买卖了，我行动必须得快呀。"

亚历克斯辩解道。

“得了吧。查斯？以后再也别在我面前提他的名字！”金姆勃然大怒道。

查斯是亚历克斯的朋友，也是同事，他总唆使亚历克斯像他一样生活。也就是说，要过奢侈的生活，至少在金姆看来是这样。她经常提醒亚历克斯，查斯是个单身汉，他的生活方式和他们的生活方式截然不同。金姆认为，查斯不是个好朋友，只会带坏亚历克斯。如果说，花很多钱去海边度假胜地打高尔夫球还能勉强接受的话，那么，付8000美元的首付款，买辆奢华的敞篷车，实在是太过了！亚历克斯原来开的那辆车怎么啦？还没开够三年呐！

“宝贝，真的别担心。我又申请了一张信用卡，这次去夏威夷度假，钱有着落了，我都处理好了。”

“现在我们已经欠了那么多钱！我再也不想刷信用卡了！我再也不想借钱啦！亚历克斯，咱们已经债台高筑啦！”金姆愤怒地吼叫道，“你明天把车给经销商开回去，把钱拿回来！你根本就不需要买新车，咱们也不需要再多欠债！”

“我做不到，钱都已经付过了。我那辆旧车也已经以旧换新了，价格特别合适。查斯说了，我们可不能错过这样的好买卖。金姆，他以前就是推销豪车的，他是内行。来嘛，咱们去兜兜风吧！你来亲自感受一下，肯定会觉得不一样。”

“我不想和你说话了，至少今天晚上不想和你说话了。你要不把车退了，要不我下周不去夏威夷了。”

“金姆，真的，钱都付了，退不了。理智点，你肯定得去夏威夷呀。”

“亚历克斯，我是认真的，你自己决定吧。”金姆怒气冲冲地走进了房子，狠狠地摔上了门。

那天晚上，亚历克斯和金姆分床睡了一晚。第二天早上，亚历克斯开着那辆炫酷的黑色敞篷车上班去了。查斯兴奋地在停车场等着他。

“朋友，开着这车，你看起来真酷呀！这周末借给我，让我开着去约会怎么样？”

亚历克斯笑了：“这周又是哪个女朋友？还是茉莉吗？”

“茉莉？”查斯厌恶地说，“我两周前就和她分手了，现在跟戴斯谈着呢。”查斯把手机递给亚历克斯，给他看了看他们在海滩上的自拍照。

“照片不错，查斯。不过我觉得借车够呛，万一她把饮料洒在真皮座位上怎么办？”亚历克斯玩笑道。

“你说得有道理！”查斯说，“来吧，咱们继续干活去吧！”

亚历克斯根本就没时间考虑金姆会不会真的按照之前威胁的那么做，他一整天都忙着开会，打电话，事情一件接着一件。快下班的时候，查斯和其他几个同事准备出去喝一杯，一起看看球赛。亚历克斯不想让别人觉得他格格不入，此外，他还不想立刻回去面对金姆，所以决定和他们一起去，就待上几分钟。

等他意识到的时候，已经快九点了。亚历克斯不敢相信已经这么晚了，他找了个借口，就先走了。金姆只给他打了一个电话，他没接到。或许她根本没那么生气了，他还想，金姆做了什么晚饭呢。

亚历克斯知道，今晚回家后肯定会有麻烦，但想到可以开敞篷车，他又忍不住高兴起来。坐到真皮的方向盘后面，他紧紧握住方向盘，把车开出停车场，上了路。“这感觉实在是太好了！金姆肯定会想通的。”他自言自语道，“她只不过需要时间而已。”

很快，他就沉浸在开车的快乐中了。只要轻轻触碰，敞篷车就会做出反应，好像他们就是为对方而生一样。他差点绕道回家，后来忍住了，把金姆惹得更毛可不好。亚历克斯沿着车道开进车库，发现金姆的车没在。他想，她肯定出去办事去了。

亚历克斯走进厨房，儿子迈克尔正坐在桌子边做数学作业，“嘿，迈克尔，你妈呢？”

迈克尔把头埋在书里，没抬头，“爸，这次你真的做得太过分了！”亚历克斯心一沉。她去哪儿啦？他爬上楼梯，走进卧室，发现床上放着一张字条。

亚历克斯撕开信封。

亚历克斯，我真不敢相信，你怎么变得这么自私，一点都不考虑家里的难处。我去旧金山了，还记得吗？上个月那边有公司想让我去上班，我要过去看看。他们还没有招到人，听说我可能感兴趣，他们特别高兴。有人在乎我的想法，这种感觉真好！或许，我们分开一段时间，把事情想清楚，这样最好了。等你从夏威夷回来后，咱们再谈吧！我已经把我的计划告诉孩子们了。我不在的时候，请照顾好他们！

——金姆

亚历克斯立马给她打电话，但是她不接。发了短信，她也不回。他不敢相信会发生这样的事情。她怎么能这样对他呢？谁来照顾孩子们呢？她可真会挑时候呀！真是难以置信！亚历克斯觉得太不公平了，他感到自己快被压垮了。他倒在床上，想不通她为什么这么做。他盯着房顶，直到愤怒的热泪慢慢模糊了视线。事情怎么会走到这个地步？这是压倒骆驼的最后一根稻草吗？

* * *

一周后，亚历克斯独自站在旅馆34层房间的阳台上，俯视着太平洋。他目光呆滞地望着蓝绿色的夏威夷海滩，看着海浪拍打着海岸，泛起一堆堆的泡沫。孩子们早就换好泳衣，已经去沙滩了，准备整个春假都泡在海里。女儿劳拉很放松，终于不用考虑大学先修课程了。就连爱学习的迈克尔，也早把初中抛在了脑后。他们本想在春假的时候和朋友们一起玩，可就算得陪着老爸，谁又能拒绝在夏威夷度一周的假呢？

亚历克斯上次度假是三年多前的事情了，当时，他就答应孩子们，等生活节奏没那么快了，就带他们来夏威夷度假。问题是，生活好像永远都慢不下来，但事实上，生活节奏好像越来越快了。

真希望能够让时间停住，真希望能永远欣赏这美丽的风景，真希望能忘记加州的那些烦心事。未来一片迷茫，他觉得不像以前那么自信了，反而觉得很没有安全感，很孤独。也不知道和老婆的事情会怎么发展，他几乎不敢往下想。

亚历克斯耸了耸肩，想把重担从肩上甩掉。那天早上，在厕所照镜子时，他发现自己本来就越来越稀的头发变白了。但是，看着海浪，听着浪花的拍打声，他慢慢地平静了下来，开始回想自己生活中发生的那些大事。

读大一时，亚历克斯和金姆相识，他们总在校园里撞见彼此，就成了好朋友。两年后，他们开始了恋情，确立了男女朋友关系。毕业后不久，他们就结婚了。一开始，两人赚的钱不多，但他们并不在乎。那时他们还年轻，也很聪明，有野心，最重要的是，彼此很相爱。

他们当时就是来这个宾馆度的蜜月，亚历克斯还记得，他们那时候多幸福啊！当时感觉生活之门向他们打开，一切皆有可能。只要可以共同面对，其他的事情一点都不重要。那时候，金姆看着他的目光爱意浓浓，他们一起多开心啊！他还记得，有一天晚上，金姆说他不敢在海里裸泳，他真去了，结果金姆抓起他的泳衣，从海滩跑回了酒店。想到那天晚上，亚历克斯笑了。他们一起用沙子堆城堡、村庄，骑自行车穿过热带雨林，使用通气管潜泳，看到了有生以来见过的最鲜艳的鱼，那些日子好难忘呀！

亚历克斯找到第一份工作后，工资很高。他生活很奢侈，赚多少花多少，一分钱都没攒下。

后来亚历克斯决定要读硕士学位，他们的债务就更多了。不过取得更高学位后，机会多了，收入也更高了。金姆正准备在职场大展身手的时候，发现自己怀孕了，生下了劳拉。三年后，又生下了迈克尔。几年后，金姆重入职场，找到了一份会计的工作。不过，就算加上她的工资，钱好像也总是不够花。房子贷款要还，车有分期付款，日常要开销，所以一年又一年，信用卡账单越来越高。

尽管金姆很努力，但亚历克斯从来没有养成储蓄和投资的习惯。每次拿到奖金，或者升职后涨了工资，多赚的钱好像都凭空蒸发了一般。现在亚历克斯和金姆收入增长的速度赶不上开销增长的速度，他开始毫无节制地刷信用卡。

从一开始，亚历克斯就总为各种开支找借口，奢侈品变成了必需品。他必须要在乡村俱乐部办会员卡，这样他才可以和生意伙伴们打高尔夫球，比如说查斯。为了和同事们保持同一个水准，他必须和他们一样，花很多钱度假、海上航游。他喜欢戴高端手表，也喜欢买最新款的高科技产品。亚历克斯从小习惯了这样的生活方式，对于他来说，这样花钱根本就算不得奢侈。但是结婚20年了，亚历克斯和金姆一分钱没攒下，也没存下养老金，反倒是欠了一屁股债。

经济不景气的时候，亚历克斯所在的公司资金出现问题，他突然被解雇了，之前没有任何征兆。在公司，亚历克斯的业绩一直处于顶尖水平，所以，他总觉得就算是偶尔裁员、重组，也轮不到他。他从没想过公司竟然会动荡不安，被市场淘汰，也从没想过自己会丢掉这份高薪工作。

亚历克斯对那段时间记忆犹新，他的思绪回到了7年前。

他那天回家比平常要早得多。平常一般是下午6点或6：30左右回家，但从来没有在下午3：30回过家。金姆那天正好在家里工作，她当时正在洗衣房，洗了好几堆衣服，正在叠洗好的衣服。

“嘿，亲爱的，”金姆笑着说，“你怎么这么早就回家了？”

“我刚刚被解雇了。”他脱口而出，自己震惊地还没有回过神来。

“你说什么？”她正在叠一件衬衫，一下子就掉在地上，“你是在开玩笑吧，对吧？你是公司的金牌经理，他们怎么可能会解雇你呢？”

“我知道，我知道。不是针对我个人。公司现金流断了，整个公司都完了。所有人都失业了，就是那么简单。”亚历克斯困惑地说。

金姆好像陷入了沉思，她问：“之前有什么风声吗？”

“我一点也不知道，不过我敢肯定，老板肯定知道。”亚历克斯说。

“我的意思是，我知道公司的资金很紧张，不过真没想到，公司的资金链会彻底断掉，真是太荒唐了。”他恼火地说，“经营公司呢，怎么就没有融资计划？真是太不负责任了！”

亚历克斯效力的公司已经成立35年了，在鼎盛时期，每年营业收入达5亿美元。作为一家民营公司，规模已经不算小了，不过，公司的开支一直控制得不好。最近几年，公司每年的营业收入降到了3.5亿美元，但是没有相应调整开支，也没有减员。

“我们该怎么办呀？”金姆问道，她的声音里充满了恐惧。

“我猜我得开始找工作了。”亚历克斯沮丧地回答说。

“现在找工作超级难，你没发现过去6个月美国的失业率有多高吗！谁知道多久才能找到工作呢？我想我们可以少在外面吃饭，节约开支，我们可以退出乡村俱乐部，省一大笔钱。”金姆踱着步，思考还有什么办法可以省钱。

“金姆，金姆。”亚历克斯拉着她的手说，“不要担心，还不需要那么极端。我们会想到办法的。”从她的表情里，他能看出，她想相信他。不过，她的表情里还有别的东西。

亚历克斯终于从白日梦中醒了过来。他们最终解决了问题，不过花的时间要比亚历克斯想象的要长得多。他不停地找，一直找了8个月，最终才在6年前找到了现在的工作。要不是金姆坚持让他不要那么自傲，他可能还不想接受现在的工资待遇，还在找更好的工作。他有7年的工作经验，是位非常成功的销售经理，有宝贵的销售技巧，那些公司怎么就不愿意掏钱呢？

亚历克斯以前自信得过头，也特别乐观，被解雇后，备受打击。现在他赚的钱只有以前的六成，最让他烦恼的是，经济压力大了，他再也不能像以前那样舒适地生活。退出乡村俱乐部，不能奢华地去度假，不买最新的高科技产品，光想一想他都觉得受不了。当然，债太多了不好，不过，一直以来，他总能想办法同时应付很多债务。

最近他的工作压力特别大，而且还在和金姆吵架，所以一直没时间直面自己所面对的巨大问题。他算了算家里现在总共欠了多少钱，信用卡欠了5万美元，房贷还有27.8万美元，两辆车每个月要还900美元的车贷。再过18个月，劳拉就要上大学了，拿什么给她付学费呢？劳拉看上了纽约的一所大学，她的好几个朋友都准备申请那所大学。但去其他州读大学，学杂费实在贵得离谱。亚历克斯和金姆没有存款，肯定承担不起。就算是上本州的大学，他也不知道拿什么去付学费。他怎么就没提前规划呢？怎么没给劳拉存些教育经费呢？

亚历克斯不敢相信，自己竟然被打了个措手不及，他过去怎么这么愚蠢短视呢？该怎么做，才能把债还清呢？

他想着能不能“打劫”迈克尔的银行卡，不过这个想法也就一闪而过罢了。迈克尔一直对自己有多少积蓄守口如瓶，不过，亚历克斯知道，虽然只有14岁，但迈克尔至少已经攒了一万五千美元。迈克尔是个攒钱能手，几乎一分钱都不花。他还有个本事，就是善于抓住赚钱的机会。从10岁开始，迈克尔就一直给邻居割草坪赚钱，同时还变卖家里不用的设备。

亚历克斯把这个绝望的想法抛之脑后，天哪，这可是在度假呢，他可不想再郁郁寡欢，老想着自己的财务危机了。过去几年来，他工作那么辛苦，面对那么多困难，现在终于可以重新给自己充电，恢复精力了。他匆匆忙忙换上泳衣，走到海滩上，呼吸着咸咸的空气，和孩子们打闹了一会儿。

大概两个小时后，太阳落山了。玩得这么嗨，大家都饿了。亚历克斯想带孩子们去罗伊的餐厅吃饭，这家餐厅在瓦胡岛上，是他最喜欢的餐厅之一。他们三个浑身湿淋淋的，身上满是沙子，光脚走回房子去换衣服吃饭。

回到房间后，亚历克斯看到床头柜上放着一封信，上面放着两颗巧克力。他打开信封，里面装着一张漂亮的卡片，写着重温结婚誓言仪式的细节，这是他和金姆一起做的计划。

正在那时，电话震动了起来，是金姆发来的短信，她接受了旧金山的工作。

什么？这是真的吗？亚历克斯不敢相信金姆会做出这样的选择，不相信她竟然丢下孩子们。他总以为，有孩子们牵绊，金姆肯定会留在洛杉矶。她怎么能这么对他呢？怎么会发生这样的事情呢？他绝望地哭了。

没有时间细想，就在那时，劳拉开始砸他的门。

“老爸，怎么这么久？我都要饿死了！”

“稍等，我马上就出去。”亚历克斯虚弱地喊道。他往脸上扑了些水，在见孩子们之前，让自己先振作起来。

* * *

罗伊餐馆的食物和服务比记忆中的还要好，甚至给孩子们也留下了深刻的印象。吃完主菜后，亚历克斯的电话响了，是查斯发来了邮件，他们花了6个月的时间跟进的单子好像黄了。亚历克斯叹了一口气，开始回复邮件。

一个熟悉的声音转移了他的注意力，“亚历克斯，亚历克斯，是你吗？”

亚历克斯从手机上抬起头，看到一个老朋友正朝餐桌走来。

“亚历克斯，好多年不见了！现在又碰到你，真是太高兴了！你怎么样？”

“维多利亚！好巧呀！我在这儿度假呢。这是我家孩子们，劳拉和迈克尔。”做介绍的时候一边招呼他们说，“还记得我给你们讲过的故事吗？就是和我最好的朋友——鲍勃一起长大的故事？这是他母亲，维多利亚。可以说，她也是我的母亲。”

迈克尔把身子探到劳拉那儿，小声问道：“等等，是那个鲍勃吗？就是……”劳拉会意地点点头。

维多利亚朝他们眨眨眼睛，“不过，谁也别叫我奶奶哈！见到你们，我好高兴啊，金姆呢？”她朝四周看了看，问道：“该见见她了。”

亚历克斯尴尬地咧咧嘴。他还没想好在这种情况下，该说点什么。

“呃，实际上，我们俩现在有些问题还没解决。”

“哦，对不起，我没想着要打听你们的隐私。”维多利亚有些不好意思地说。

“哦，没关系，别担心。”亚历克斯结结巴巴地说。这时，服务员拿着菜单来了，期待地等着他们点甜点，刚好救了场。

“不打扰你们了，”维多利亚说，“不过，刚好你在这儿度假，我想邀请你到我那个天堂一般的角落里去叙一叙。给，我的名片。如果你有空了，给我打电话。”她朝孩子们探过身子，说，“一定要问问你们老爸鸡蛋大惨败的故事，他给你们讲过没有？”

“没……”他们异口同声地说，一起转向亚历克斯，脸上露出期待的笑容。亚历克斯的脸变得通红，喊道：“维多利亚，这么做可不酷哈！”她转过身，又向他们眨了眨眼睛，挥手告别。

亚历克斯和孩子们吃完甜点，回到车上。他不敢相信这么久之后，还会再碰到维多利亚。这些年，他们会相互寄生日贺卡，但是自从葬礼后，就没有再见过维多利亚，但他现在还不想回忆那件事。

维多利亚就是有那样的本事，让人们总喜欢和她待在一起。大家很容易就被她吸引，她脸上总洋溢着笑容，而且浑身上下散发出一种平静和满足。她总能温暖别人，鼓舞别人，她的心情总是很好，好像没有什么事能让她烦恼。还有，亚历克斯觉得自己都快坚持不住了，他决定第二天给她打个电话，或许她乐观的情绪能够感染自己。

“陷阱学”

那天晚上，亚历克斯睡得不错，他好久都没觉得这么放松、这么神清气爽了。不错，生活已经乱成一团，经济状况也一团糟，但温暖的夏威夷空气好像有什么魔力，让他觉得今天更有信心解决那些问题。孩子们在游泳，他掏出维多利亚的名片，给她打了个电话。

维多利亚邀请他去海滨别墅吃午饭，从酒店慢跑20分钟就到了。他沿着海边跑，很快就看到她在前面向他挥手。他们一起穿过别墅后面的栅栏，走进一个可以俯视海面的门廊，她提议在那里吃午饭。海浪有节奏地拍打着海岸，令人心旷神怡。维多利亚进屋准备饮料去了，他把眼睛闭上，沉浸在海浪击打海滩的声音中。

和维多利亚待在一起，童年的往事汹涌而来。当时，他们两家住在洛杉矶的一个社区里。鲍勃是维多利亚和罗伯的独子，他和亚历克斯关系最好，形影不离。秋天他们一起踢足球，冬天一起泡热水澡，春天一起冲刺跑，夏天一起冲浪。他们是世界上最好的海滩排球二人组（或者他们自认为是全世界最好的）。因为总在一起，所以人们误以为他们是兄弟。

和大多数青春期的小伙子一样，他们会谈论女孩和体育运动，但两人的关系要比那亲密得多。他们分享彼此的生活目标、梦想和人生抱负，也会分享对未来的忧虑、担心和疑惑。他们活出了青春期男孩该有的精彩，在他们的世界里，未来一片光明，充满了无限可能。

然而，突然间，一切都变了。17岁那年，鲍勃被诊断为癌症晚期，医生说他只有6个月的时间了。亚历克斯吓得不知所措，不敢相信这是真的，他拒绝接受诊断结果。罗伯和维多利亚想尽了各种办法，用尽了各种治疗方法，想为儿子续命。但他们的努力不过让鲍勃更加痛苦而已，慢慢地，他的生命在枯萎。

亚历克斯还记得在鲍勃去世前他们最后一次见面的情景。两人开车到了最喜欢的海滩旁，在那里他们俩曾留下了如此多美好的回忆，但那次不同。没有海滩排球，没有飞盘，没有足球，也没有踏浪。鲍勃的身体太虚弱了，即便亚历克斯一直扶着他，他也几乎没力气在车外多站一会儿。看到自己的朋友每一分钟都活得如此痛苦，亚历克斯的心都要碎了。几天后，维多利亚打来电话，告诉他鲍勃已经去世了。

最好朋友的离世改变了亚历克斯，而且改变非常深远。他下定决心，要为自己活着，也要为鲍勃而活。鲍勃想要有什么样的生活经历，亚历克斯就要替他去实现。他发誓，一定不会浪费时光，因为他知道，生命随时有可能被夺走。亚历克斯的精力总是很充沛，他总有参加不完的活动，一有事情，总是现在、立刻、马上就要做，这一点经常让金姆觉得很恼火。但她不明白的是，亚历克斯其实是为两个人而活。

听到维多利亚的脚步声，他的思绪回到现实。“那么，亚历克斯，”她坐到椅子里，说道，“我错过了好多！真不敢相信你的孩子都这么大了，都让我觉得自己老了。”

听着海浪和维多利亚温暖的声音，亚历克斯觉得自己可以放下防备，向她倾诉自己的麻烦事，他知道维多利亚会用心地听，而且不会妄加评判。他开始倾诉，滔滔不绝地把自己的麻烦事都说出来了，因为他希望有人倾听，有人理解。他把所有事都像倒豆子一样倒了出来，买的新车，和金姆的争执，欠的债，还有那一直纠缠着他不放的幻灭感。

维多利亚善于倾听，她从头到尾都没有打断他，也没有试图表达同情。除了为了把事情搞清楚问了几个问题外，她没有再打断他，只是非常认真地听着。

“说实话，维多利亚，我真的搞不懂。我不知道事情怎么弄成现在这个样子，还以为自己一直在向着目标前进，我以为我有一个完美的家庭。但是，现在看看我，一切都完了。”亚历克斯说完后，呆呆地盯着被太阳晒变色了的木桌子。

维多利亚若有所思地点点头，看着他的脸，好像在努力确定着什么。亚历克斯抬起头，迎着她的目光，眼中隐隐露出痛苦和绝望。

维多利亚突然站起来，示意亚历克斯说：“跟我来，我给你看个东西。”她转过身，回到房子里，相对于她这个年龄来说，她走得很快。亚历克斯赶忙从椅子上站起来，追上前去。

在维多利亚家，薰衣草和熏香的味道很浓郁，对亚历克斯来说有些太浓了。房子里不知哪儿一直放着锡塔琴（印度的一种大弦弹拨乐器——译者注）柔和的乐曲声。亚历克斯环顾四周，发现放她瑜伽垫旁边的那个角落里，摆着一个手工制作的陶罐，里面燃着熏香。厨房台面的一个角落里，堆满了新鲜水果和蔬菜，旁边放着几罐新鲜草药。搅拌机旁边搁着一本《蔬果昔圣经》，维多利亚什么时候变得这么嬉皮了？

“在这儿！”维多利亚喊道。亚历克斯意识到，她的声音是从门廊那边传来的，门口挂着珠帘，把门遮住了一部分，珠帘上装饰着小小的大象和铃铛。他掀开帘子，朝着她叫喊的方向走过去，铃铛轻轻地叮铃叮铃响。维多利亚站在一张竹制的酒吧桌旁，上面摆着漂亮的红白相间大理石棋盘。亚历克斯看起来困惑了一小会儿，然后，他认出来了。

“你还没有忘记吧，是吧？”维多利亚逗他说。受他妈妈影响，鲍勃很小的时候就学会了下棋。因为鲍勃，亚历克斯也迷上了下棋，不过一直没有他下得好。有时候，维多利亚会指导他们，教些新招式，让他们互相练习。看到这个棋盘，他感到很难过。但是也觉得很安慰，棋盘好像让他回到了过去，又好像在离家很久之后，又回到了家里。

“当然没忘，怎么可能忘记呢？！”亚历克斯回答说，“你肯定没有忘记最后一次是谁赢了吧？”

“哈哈，我记得，就那一次，我还记得，因为那次我为你感到难过。依我看，是选择性记忆。”

“哇，的确是好久以前的事情了。还是那个棋盘，对吧？我觉得自那以后我再也没有下过棋。”

“那我待会儿可得让着你，是吧？”维多利亚逗他说。

“所以你还是下得不错，呃，维多利亚？”亚历克斯反驳道。

维多利亚得意地笑道：“下得不错？我俩都心知肚明，我的水平早就不止不错那么简单了。来吧，亚历克斯。”

维多利亚在桌子边坐下来，请亚历克斯坐在她对面。她严肃地说：“事实上，随着时间的推移，我下棋的技术越来越好了。不过，我以前总是输，直到学会以正确的角度看待下棋，情况才得以改变。”

“我下棋总输，主要是陷阱的缘故。没能看出来有陷阱，是因为我不知道怎么把陷阱找出来。”维多利亚说道，“在下棋时，陷阱这个术语是指诱惑对手下一步输棋，然后把他就此困住。如果你能提前发现陷阱，就可以化解。如果没能提前发现，你很可能就会输掉。”

“从理论上来说，陷阱不容易发现，尤其是在刚开局的时候。当然，你可以不断尝试，不断犯错，然后学会怎么发现陷阱，但最好是向已经知道怎么发现并躲避陷阱的人学习。棋手只要学会几个简单的技巧，就能避免灾难性的失败。”

亚历克斯点点头，聚精会神地听着。

维多利亚继续说道：“伟大的棋手都是设置陷阱的大师，也是躲避陷阱的专家。国际象棋里有些陷阱实在是太致命了，人们甚至专门对陷阱进行命名。听说过蒙蒂塞利陷阱（Monticelli Trap）和黑伯恩先令开局（Blackburne-Shilling Gambit）吗？我估计没有。这是因为，如果你不用心钻研，如果你没有学会判断，陷阱就是狡猾的小魔头。”

“有没有维多利亚陷阱呢？”亚历克斯逗她说。

“现在还没有，不过未来可能会有。我喜欢考虑怎么逃离陷阱，而不是设置陷阱。是这样的：学会如何发现、躲避并逃离陷阱，是种技术优势。不只适用于下棋，也适用于生活。”维多利亚笑着说。

“亚历克斯，我准备教你用全新的视角去看待生活。到现在为止，你一直把面临的挑战看成一个个问题，这不行，我想让你把挑战看成是一个个陷阱。”

“陷阱？”亚历克斯问道。

“陷阱。”维多利亚肯定地回答，“我已经学会发现国际象棋中的陷阱，如果我们也能发现生活中的陷阱，会怎样呢？如果能够学会把自己从掉入的陷阱中拉出来，会怎样呢？想到这个想法，我简直欲罢不能。罗伯总嘲笑我——他把我的想法称作陷阱学，或者说是研究陷阱的学问。我不是教授，但我真的很喜欢这个名字。”

“所以，如果你研究陷阱学，那你就是陷阱学家了！”

“可以那么说。如果你想学，我也想把你变成一个陷阱学家。”

“只要我们能像《夺宝奇兵》里面的角色那样，戴着酷酷的帽子就行。”亚历克斯开玩笑地说。

虽说是在开玩笑，但不可否认的是，他很感兴趣。他不确定维多利亚说的话究竟有没有用——或许只是嬉皮士的胡言乱语，但他很享受和她的对话，愿意听她说完。

“亚历克斯，你得到像我这么高的级别才行。耐心点，年轻的小蚂蚱。”维多利亚狡猾地一笑，“真正的陷阱学家懂得如何发现陷阱，如何躲避陷阱，一旦掉入陷阱，知道如何将自己拉出来。就像经验老到的象棋大师一样，陷阱学家要学会提前思考很多步。”

亚历克斯正盯着手机看呢，手机刚才响了，出于本能，他把手机掏了出来。是当天篮球赛的最新消息，湖人队以3分的优势赢得了比赛——打得不错！

突然，他感觉到维多利亚正盯着他，他不好意思地抬起头，把手机放回口袋。

“正如我刚才所说……陷阱之所以是陷阱，是因为他们会打你个措手不及，让你毫无防备，还没有意识到的时候，你已经被困住了。你以前见过流沙吗？”维多利亚问道。

“没亲眼见过，但在电影里见过，比如《公主新娘》。”亚历克斯回答说。那是他和金姆最喜欢看的电影，提起这部片子，他不禁想起了过去的美好时光。

“好，所以你一定知道我的意思，”维多利亚回答说，把亚历克斯从回忆中拽了回来，“就像流沙一样，人们很容易落入陷阱，但很难从中挣脱出来。你越挣扎，越扑腾，好像陷得越深。但是，如果你知道该怎么做，知道正确的步骤，就很可能逃脱出来。事实上，可能比你想象中还简单得多。如果你能根据一些迹象辨认出流沙，那你压根就掉不进去。”

她继续说道：“以前我听过一次演讲，演讲者是通用电气著名的CEO杰克·韦尔奇。他认为，这种见微知著的能力是伟大领导者的一个重要品质。

“如果我们能找出大部分人生活中要面对的陷阱，学会避开陷阱的战略和技巧，价值多么不可估量啊！在偏离轨道之前，我们就能发现陷阱，你能想象出那种情景吗？”

亚历克斯有点怀疑，“当然，如果有这种可能的话，那就太赞啦！但是，没有人能预知未来呀。”

“当然——没错，你说得对极了，但是我们可以研究过去。对过去，如果有一点确定无疑的话，那就是：历史会重复。我并不是让你拿个水晶球占卜，只是建议你更加关注身边发生的事情。”

“不得不说，我倒有点希望你有那么一个水晶球呢！和你的装修风格倒挺搭配的。”亚历克斯开玩笑地说。

维多利亚眯着眼睛说：“你最好小心点，不然我可能把你那高傲的脑袋也收藏了。”她笑了。

“好吧，好吧。”亚历克斯把两只手举到空中（做投降状），“我不该那么说的……这个话题太敏感了。"

"不过，说真的，亚历克斯，我接下来说的很重要。很多人说，经验是生活最好的老师。但很不幸，经验这个老师太严厉了，跟它学习也最慢。我们总要亲身经历过，才能体会到生活的艰辛和困苦，一点都不好玩。你瞧——生活中的陷阱就像下象棋时的陷阱，掉进去容易，想要出来可就难了。

"要是能从其他人的经历中汲取经验呢？那样，我们就不必亲身经历了。如果在遇到麻烦前，就能通过一些迹象看出我们要有麻烦了呢？"

维多利亚顿了顿。亚历克斯看着她，期待地等着她说下去。

"你有没有见过这样的父母？他们本人并没有从事体育运动，但儿子或女儿是运动员，他们就能够感同身受？他们从子女的生活中感受到了快乐，就好像他们也在足球场或篮球场上驰骋一样。"

亚历克斯若有所思地点点头。就在这时，他的电话又响了——是体育赛事的最新消息，但是维多利亚的眼神吓得他不敢把手机拿出来。

"我想说的是，当我们听说认识的人掉进了某个陷阱时，应该好好研究一下究竟是什么力量在起作用。通过他们的经历，可以搞清楚，他们究竟是怎么掉进陷阱的，为什么似乎逃脱不了陷阱，如果逃脱了陷阱的话，又是怎么做到的呢。如果我们能做到这几点，那就能避开陷阱，避免犯同样的错误，不用忍受同样的悲伤和痛苦。为了不重蹈覆辙，大部分人愿意不惜代价。"

"我不知道我会不会不惜代价，但我可能愿意放弃左手的小指（不惜代价的俗语是give right arm，所以，亚历克斯说他愿意放弃自己的left pinkie——译者注）。"亚历克斯插嘴道。

维多利亚笑了，"现在不用担心你左手的小指，至少在你下次对我家的装修指手画脚之前，不用担心啦。”

亚历克斯靠在椅背上，笑着说：“好啦，维多利亚，你说服我了，我决定加入。我已经准备好了，要成为一个陷阱学家。但是，我坚持要戴上酷酷的帽子。”

“可以考虑。”维多利亚咧着嘴，笑着说。

有那么一会儿，两个人都没说话，静静地听着锡塔琴声，伴着舒缓的吟唱——海浪拍打沙子的声音。

“你知道吗，”维多利亚看着地面，坦言道，“鲍勃去世后，我们痛不欲生，我每天都很思念他。”

想到他的朋友，亚历克斯哽咽了，他不知道该怎么接话。

“原以为我们能够抗争，能够打败癌症。我们找到了全世界最好的医生，最好的医疗设备……”她的声音越来越低。

“他们尽力了。那个时候，我都不知道我们还能为他做什么。我内心深处并不觉得遗憾，不过，在现有的医疗体系治不好我儿子的时候，我就开始思考：有没有其他办法呢？我们还能做点别的什么呢？”维多利亚四下里打量着房子，用手指着说，“可能就是因为此，我才开始做这些事情。才开始意识到，传统的做事方法，也就是每个人都信奉的做事方法，或许并不能解决问题。”

他们对视着，亚历克斯严肃地点了点头。

“我觉得，跳出框框，不按常理思考，这才是智慧。我们要学会独立思考，而不是盲目地应付生活中一波又一波的危机，仅仅在一个个危机之间享受短暂的平静。我们要学会明智地把握自己前进的方向，而不是随波逐流。我们要书写自己的故事，做自己命运的主人。

“亚历克斯，你发现自己现在处境很艰难，但不要成为境遇的受害者。鲍勃的死本可以让我一蹶不振，但事实上却为我推开了另一扇门，让我进入了充满各种可能的世界，每一天都是新的，都有发展和学习的潜力，我得以用智慧和慈悲之心玩好生命这场游戏。如果能帮助像你一样的失意人找到更好的生活方式，那么我自己的损失多少变成了一种胜利。”

她继续说道：“你觉得为什么那么多人一次又一次掉进同样的陷阱呢？为什么他们看到自己的朋友和家人掉进了陷阱之后，还会跟着掉进去呢？在他们意识到自己被困后，为什么好像再也挣脱不开呢？”

亚历克斯耸了耸肩膀。

“那是因为，他们遵循传统的处事方法行事，可能有一定的道理，但是还不够。我们不能重复做同样的事情，却期待能够得到不同的结果。需要用新的思维方式，才能抵达新的高度。为了真正躲开并逃脱生活中的陷阱，我们需要使用非常规的方法，有时候还需要违反直觉。我说的是要有突破，而不是渐进式的改进。只有和标准方法一刀两断后，你才能有所突破。”

“有道理。”亚历克斯点点头说。

“大多数困住人们的陷阱并不是什么新鲜事——很多陷阱从创世之初就有了。”维多利亚继续说道，“在《圣经》和古老的典籍中，都可以找到相关的记载。但如今不同之处在于，现代社会将这些陷阱放大了——它们比以往更具有诱惑性、更难摆脱。”她指着棋盘说，“就好比一开始我们是和幼儿园的小朋友们下棋，后来是和世界棋王卡斯帕罗夫对战一样。”亚历克斯对不上这个人名，但他仍然点点头，好像他知道这个人一样。

“在现代社会，如果我们想要认出陷阱，要比以往任何时刻都更为警惕，要想逃脱陷阱的话，就要更有创意。

“和你说说我已经做了很久的一个东西吧。我正在搭建一个关于生活中陷阱的框架，这个框架可以帮我们认识陷阱，并学会在生活中加以辨别。”

“好呢，我听着呐。”

“知道它的人并不多。”维多利亚坦白说，“所以，希望你不介意当我的小白鼠。我觉得有个框架非常有用，因为我们能够系统思考，搞清楚我们现在所处的状态。如果不清楚自己目前所处的状态，根本不可能达到目标状态，我说的话有道理吗？”

“有道理。”亚历克斯肯定地说。

“这个陷阱框架的核心是‘希望’——相信人们通过做出明智的选择，不断修正自己前进的方向，可以改变生活轨迹。希望极其重要。”

亚历克斯感觉自己内心被震动了。就在昨天，他还一直觉得自己无能为力，根本没办法收拾眼前的烂摊子。

维多利亚好像看透了他的心思，继续说道：“亚历克斯，我必须和你说实话，你目前的处境很糟糕。据我所知，你现在已经被好几个陷阱所困，你比任何人都清楚这一点。但你并不是第一个陷入这些陷阱的人，也绝不是最后一个。我就知道！”她揉了揉肩膀，笑着说，“但有解决的办法，你不能让心中的希望之火熄灭。”

他们对视着，亚历克斯沉思着点点头。尽管他一直在开玩笑，但维多利亚说的话对于他来说，越来越真实。

维多利亚继续说道：“我们俩一个陷阱、一个陷阱地探索，我会帮你学着远离现在的痛苦，逃脱陷阱，蓬勃发展。要实现这一点，共有四个步骤，我称之为四阶进步法。首先是痛苦——感受到陷阱真正的可怖之处，从而引发了识别——认识到自己陷入了陷阱，一旦你开始使用策略来逃离陷阱，并坚持不懈，就能品尝到成功，那时，你就可以越过陷阱，自由地进步，飞速地成长。”

她顿了顿，观察了亚历克斯一会儿，他神情专注——眉头紧锁，双唇紧闭。他慢慢地说道：“但是……怎么才能完成整个过程呢？我怎么才能知道什么是陷阱，什么不是陷阱呢？”

“很高兴你提出了这个问题，”维多利亚温柔地回答说，“我注意到，大部分陷阱都有几个鲜明的特点。正如我所说的，陷阱就像是流沙，一旦我们踩进流沙里面，就很难挣脱。之所以会陷入流沙，或者说是陷入陷阱，是因为我们在不知情的情况下，被所谓的权宜之计或短暂的快乐所诱惑。大部分陷阱会让人们变得短视，认为要及时行乐，就算以后承受痛苦都值得。”

“太奇怪了，听起来好熟悉。”亚历克斯强颜欢笑道。

“嘿，先别自责。一定要记住，你并不是第一个陷入流沙的人。你已经猜到了，陷阱嘛，本来就是要把我们困住。漫漫人生路，处处是陷阱，不过被树叶和苔藓伪装了起来。陷阱看起来没有杀伤力，那是因为我们没有看穿这些陷阱，没能看出它们诱惑、欺骗、难摆脱、限制的本性。有些传统的方法可能短期有用，但如果想要永远摆脱陷阱，就必须采用非传统的解决方法。如果我们受了重伤，用创可贴可不行，必须接受治疗才行。我喜欢将此称作顿悟式突破。”

听到这个词，亚历克斯扬起了眉毛。

“嗯，我知道这个词听起来很奇怪，但是还记得吗？我刚才说过，陷阱学家就是要打破传统的思维方式，找到非传统的智慧，这就是顿悟。只有顿悟后，人们的行为才能有所突破。所以，我用了这个词，顿悟式突破。”

“好的，我能理解。”亚历克斯点头说道。

“很好，因为你没有别的选择。”维多利亚开玩笑地说，“对了，我给你准备了点东西。”

她从包里掏出了一本薄薄的红书。

“作为一位专业的陷阱学家——其实是作为接受培训的陷阱学家，你需要记住很多东西。我把这个笔记本给你，你在学习过程中可以记笔记，也可以把你的想法记下来。”

“哇，谢谢你，维多利亚。”亚历克斯拿着笔记本说。

正在那时，他后面的钟正好响了，把他吓了一跳。

“别慌，亚历克斯。”维多利亚笑着说道，“只是提醒我上瑜伽课的闹钟，瑜伽课马上就要开始了。”她站起来，向上伸展着双臂，“我不想打断咱们的谈话，我知道你真的挺感兴趣的。”她不说话了，再次专注地看着他。

他朝她竖起了两个大拇指，咧开嘴笑了。

“好的，”她咯咯地笑着说，“好的，那明天再来吧，我会告诉你我的所见所闻——你已经掉入的一个陷阱。”

“什么！”亚历克斯惊叫道，一半是开玩笑，一半是担心。“我已经掉到一个陷阱里了？但是你刚刚把我变成陷阱学家了呀！我不应该再掉到陷阱里去了呀。”

“未来的陷阱学家，”维多利亚纠正道，“在你学会发现将要出现的陷阱前，你先得从已经掉进去的陷阱里逃出来才行！”

“几个陷阱？还不止一个？”亚历克斯走下了有些风化的楼梯，回到沙滩上。

维多利亚已经转身向房子走去，“明天早餐时见！”

| 第二部分 |

生活的七个陷阱

PART 2: TRAPS 1-7

第一个陷阱：婚姻陷阱

第二天早上，亚历克斯把孩子们留在酒店睡觉，自己去了维多利亚家，他很期待她会说什么。去年金姆坚持让亚历克斯和她一起做了婚姻咨询，维多利亚会不会和那个婚姻顾问说同样的话呀？他希望她能够提供全新的视角。

但她肯定会提供新鲜的早餐，亚历克斯几口就把维多利亚放在他面前的蔬菜蛋卷吃完了，和蛋卷一起端上来的还有杯鲜绿色的蔬果昔，他都不敢尝。维多利亚几乎把她那杯喝完了，亚历克斯不知道他能不能不喝这东西，同时还不会被她发现。

“亚历克斯，很高兴能再和你坐下来聊一聊，我想起了咱们过去一起度过的美好时光。”她的声音听上去很欢快，但亚历克斯发现她的脸上隐藏着淡淡的忧伤，“今天早上我和你分享的东西会给你全新的视角，让你用全新的方式思考你所面临的问题。”

“好呢，我在听着呢。”亚历克斯说。

维多利亚把剩下的蔬果昔一饮而尽，“我有没有绿胡子？”

“嗯，有呢。”亚历克斯回答说。

“好的，叫我尤达大师。”

亚历克斯笑了，“这样我就是年轻的天行者了吧？当天行者我很在行的，只要我不用把你背在包里到处跑就行。”

“我可不敢保证哈！”维多利亚回答说，“说正经的，亚历克斯，我一直在思考你婚后遇到的挑战，所以想和你谈谈一种陷阱——我称之为婚姻陷阱。根据我的观察，你和金姆都陷入了一种模式。事实上，我发现陷入这种模式的人很多，不管你是结婚了，还是在处朋友，还是处在其他阶段，这种婚姻陷阱适用于所有人。而且不管你有没有孩子，都适用。”

亚历克斯咽了咽口水，但什么都没说，这并不是他想要涉及的话题——有点儿太揭人伤疤了。突然，他有点儿后悔把他们两口子的问题告诉维多利亚了，亚历克斯担心她要教训自己。他和金姆向婚姻顾问求助的时候，婚姻顾问就教训了他一顿。他不情愿地说：“那么，是什么模式呢？”

“这个模式就是：两个人虽然已经结婚了，但还像两个单身汉那样生活。”维多利亚回答说，“换句话说，就是他们变成了两个结了婚的单身狗。”

“结了婚的单身狗？”亚历克斯问道。她的回答让他很诧异，这可是个全新的概念。

“结了婚的单身狗，意思是你们一起生活，但你们的生活并没有融合。”她解释道，“你们虽然住在一起，但还是按照各自的生活方式生活。两个人结婚后，各自带来了完全不同的价值观体系，两种不同的思维方式，处理事情的方式完全不同。以你和金姆对家庭开支的态度为例，你家条件很好，金姆是在中产阶级家庭长大的，对吧？”

“是的，你说得对，但是这很正常啊。”亚历克斯打趣地说。

“没错，”她表示同意，“但是，大部分夫妻没能意识到两个人之间存在着巨大的差异，所以，他们没有规划好，不知道婚后该怎么处理财务问题，不知不觉中，就形成了争论、争执的模式。你之前和我说过，从结婚开始一直到现在，你和金姆总为了家里的花销吵吵闹闹。”

“是呢，金姆手实在太紧了。”他咕哝着说。

维多利亚扬了扬眉毛，“你觉得她为什么会那样呢？”

亚历克斯嘟囔着说：“或许是因为她就是那样长大的呗。”

“什么样呢？”维多利亚回应道。

“她妈妈家里不是很富有，她爸爸家里过去很有钱，不过金姆的祖父把财产挥霍光了。”亚历克斯说。

“所以，她父母可能费了好大的劲才缓过来。”

“嗯，是呢，他们确实受到了重创。如果这事发生在我父母身上，我估计也会那样。”亚历克斯承认说。

“你家正好相反，不是吗？”

亚历克斯开始认真思考两个人的成长背景对夫妻关系的影响，这还是第一次。并不是说，他以前没有注意到二人的区别，只是他直到现在才开始思考其中的含义。金姆家的钱足以满足他们的需求，不过在其他方面，他们花钱很保守。她祖父冒险投资失利的故事让金姆和她的兄弟姐妹们明白：钱赚起来难，花起来容易得很。但在亚历克斯的成长过程中，从来没缺过钱。

“是，我想是这样，我家一直不缺钱，所以从来没担心过钱的事情。当然，现在不同了。”亚历克斯低着头，不好意思地说。

“我觉得，如果夫妇俩仍然像两个单身狗那样生活，主要有三个原因。你想听听是什么原因吗？”她兴致勃勃地说，想让气氛轻松一些。

亚历克斯点点头。

优越的成长环境

“好呢。第一个原因就是，他们觉得自己要比配偶更有教养。他们觉得，从小到大，自己家里处理事情的方式才对。只要和他们小时候的经历相悖，他们就觉得别人处理事情的方法不一样、很奇怪，或者直接就认为是错误的，大事小事都是如此。

“大事包括怎么抚养孩子，怎么理财，怎么分摊家务活。”维多利亚解释道，“小事可能是任何让我们不爽的事情，比如，怎么挤牙膏，怎么摆放厨具，怎么摆放家具，你明白了吗？我们都在下意识地进行判断，看到配偶或伴侣的做法不一样，我们就觉得很烦。”维多利亚清了清嗓子，“我猜你们也是这种情况？”

亚历克斯羞愧地看着地板，“很不幸，金姆和我的差异实在是太大啦。”

他们静静地坐着，谁也没说话。亚历克斯陷入了沉思，他们究竟哪里做错了呢？他和金姆结婚后怎么在这么多地方格格不入呢？从理财到养孩子，他俩好像永远不在同一个频道上。近来，因为培养孩子的理念不同，他俩一直在吵架。

亚历克斯培养孩子的理念是他自己成长方式的翻版——很自由，规矩很少，也很少精心去安排什么。他和兄弟姐妹根本就不用做任何家务活，也不用干院子里的杂事，所有家务活都落在了母亲的肩上。做饭、洗衣服、打扫房间、倒垃圾、接送他们、购物，不管什么事，都是他妈妈做。

金姆的成长经历则完全不同，她的父母都有工作，所以，她和弟弟必须要分担一部分家务。她的父亲也非常顾家，总在做家务，也帮着他们干活。一家人有很严格的作息时间，什么时间起床，什么时间睡觉，都是固定的。如果她和弟弟淘气或者不肯做家务活，那他们就会有所失。

所以孩子们出生之后，亚历克斯和金姆之间的问题越来越多。亚历克斯的成长方式和育儿方式在劳拉身上表现得特别明显，每次听到金姆抱怨每天晚上她都得做饭，却没人帮忙时，亚历克斯就带劳拉去附近的餐馆吃饭。迈克尔对妈妈更体贴，会给他们两个简单做个晚饭。

甚至在上学方面，两个孩子也反映出父母截然不同的态度。劳拉总是逃课，因为她总觉得自己都学会了，考试的时候可以拿到优。劳拉很聪明，尽管她出勤率不尽如人意，想上就上，不想上就不去，但她每学期考试成绩都不错。迈克尔更像金姆，他勤奋刻苦，为人可靠，很关注细节。他按时交作业，把赚的钱都省下来。不管舒服不舒服，他从来没有翘过一节足球训练课。

维多利亚打断了亚历克斯的思绪，“你和金姆有没有花点时间把两个人的差异理一理呢？”她问道。

“实话讲，真的没有。结婚的时候，我就希望我们的生活能像我小时候那样。听起来，你可能会觉得我很蠢，但我总觉得金姆能一边工作，一边管家，我们家在那方面非常非常传统。我的意思是，我没觉得那种生活方式有什么问题。我建议金姆一周请一次家政来打扫房间，但她总觉得不应该花那个冤枉钱。”

“你觉得金姆是什么想法呢？”

“我不知道。有了孩子之后，我俩就过得很费劲，甚至在她开始工作之前，我俩就不太对付。她总对我生气，嫌我不太帮忙干活。我上了一整天的班，一进门，她就吼着让我去洗碗，我觉得太不公平了。或许，她已经照顾了孩子们一整天，也觉得那对她太不公平了呢。”亚历克斯觉得后悔极了：结婚后，他多自私呀，怎么就不肯多帮忙呢！

思维模式要转换为“我们”

维多利亚思考了一会儿，说：“你和鲍勃高中的时候一起踢足球，对吧？”

“除了踢足球，还跑步。”

“好的，除了接力赛跑，这两种运动最大的区别是什么？”

“嗯，足球是集体项目，跑步是个人项目。”亚历克斯小心翼翼地回答。

“你说得对。”维多利亚肯定地回答，“现在有太多的夫妇，他们不是踢足球，而是跑步。也就是说，他们结婚后，没有从个人运动转变成集体运动。不但在婚姻中，在商业经营、政府还有所有国家的所有民众中，都可以用运动来类比。”

“我喜欢用运动来类比，”亚历克斯回答说，“但是金姆讨厌运动。我每次用运动打比方，她都翻眼睛。”

“了解了，金姆在的时候，我不会再用运动打比方了。但这一点也引出了夫妻俩还像两个单身一样生活的第二个原因，他们从来没有把思维模式从我转变为我们。”维多利亚解释道。

“如果我们不只考虑自己，而愿意为对方考虑，就能为了集体的利益而放弃个人的喜好。而大多数夫妻结婚后，不肯从团队的角度考虑问题。”

亚历克斯表示同意：“至少对于我来说，你讲得绝对正确。”

你得先改变自己

“为什么夫妻俩会陷入自私的陷阱，而且逃脱不出来呢？最后一个原因是因为他们都在等待对方先改变。但是你没有这个问题，对吗，亚历克斯？”维多利亚眨着眼睛说。

亚历克斯不好意思地笑了。

“改变自己的行为模式很难，有些人宁愿死也不肯改变。在保健方面，这种情况很常见。当下，危害健康最大的罪魁祸首是暴饮暴食、酗酒、缺乏运动、压力过大、抽烟，这些我们都有能力进行改变。大部分人宁可维持自己不健康的习惯，也不愿意为了健康而调整自己的生活方式。事实上，我刚刚听说了一项研究，90%的心脏病重症患者，在做搭桥手术两年后，都没有改变自己的生活方式。

“如果我们等着配偶或伴侣先改变，那得做好漫长等待的准备。如果一方不采取行动，对方会觉得自己也有理由不改变。但是，当对方努力改变的时候，我们的良知受到谴责，也要做出回应。

“鼓励伴侣改变，最好的办法就是自己先改变。你有过这样的经历吗？”维多利亚问道。

“老实说，维多利亚，我没有。回想一生，我一直是这样的心态：你先改变，我再改变，所以，我不知道这个方法有什么好处。不过，我准备试一试了。”

“听到你这么说，我很高兴。”

传统应对方法

“面对夫妇俩存在的分歧，人们传统上认为，应该认识到差异必然存在，然后找到双方更合拍的地方。采用这样的方法，其实就是承认，我们不能改变对方。同时，既然我们的成长背景不同，思维方式不同，就必须接受这些差异。然而，如果我们在一些重要的事情上不能达成共识，那么，婚姻很可能充其量只是流于表面罢了。在婚姻中，不可避免会遇到困难，经历风雨，一旦发生这些事情，夫妻关系肯定没办法继续维持下去，正如你亲身经历的一样。”

顿悟式突破

“根据你告诉我的情况，”维多利亚说，“我觉得，你们俩花钱的理念不同，而且双方都不愿意妥协，这是你们两个分居的主要原因。”

“是的，”亚历克斯承认道，“我估计，把责任推给金姆容易，承认我自己也是罪魁祸首之一要难得多。”

“你必须认识到，你俩从小到大对金钱的看法不同，这都没有错，不过是因为你们的成长经历完全不同罢了。”

“嗯，好吧……”亚历克斯摸了摸脖梗子，“一个巴掌拍不响。”

“你们犯的错误和大多数夫妇犯的错误一样，步调不一致，没能好好规划如何经营家庭。结婚后，有三件事夫妻二人必须达成一致意见：首先，怎么花钱、理财；第二，如果有孩子，该怎么抚养孩子；第三，怎么分担家务，怎么管理家事。例如，是两个人都工作，还是其中一个人在家看孩子？

“大部分夫妻没有深入探讨他们之间的差异，没有找到解决的办法，所以会落入这个陷阱，他们没有花时间为整个家庭设想未来。自己是怎么养大的就怎么做，当然要容易得多，最终导致结婚后两个人的思维模式还是截然不同，还像两个单身汉一样生活。你和金姆结婚后，谈过这些事情吗？”

“算不上是谈话，但我们肯定争吵过。”亚历克斯痛苦地说。

“在我们刚才谈话的时候，我已经开始意识到为什么我们俩这么格格不入了。”他继续说道，“我们真的是没有一点相似之处，而且我俩也一直没有找到共同点。”亚历克斯低头看着自己的双手，轻声说道。

“亚历克斯，结了婚还像单身汉一样生活，这是我见过的最常见的婚姻陷阱，并不是只有你是这样。我认为，所有新婚夫妇在结婚前都应该强制进行这种咨询。”维多利亚安慰他说。

“是呢，如果多年前就告诉我这些，肯定很有用。”

“现在知道还不晚，你愿意和金姆谈谈吗？现在重新开始也不晚，你们还能翻开新的一页。”维多利亚温柔地鼓励他说。

“你说得对。”亚历克斯回复道，“首先，我得好好想一想。结婚后，我从来没有让步过。我得先思考一下，我愿意在哪些方面妥协，而且能够坚持不懈。”

“那就太好了，亚历克斯。但不是只要你做出妥协，而是让夫妻俩共同提出愿景，共同书写属于两个人的故事。你们的目标是什么？你们有什么共同的美好事情？你们会创造什么样的记忆？这才是最有趣的地方。现在，我们比以往拥有更多机会做这些事情。

“一旦你们找到了这些问题的答案，下一步，你们就要探讨，要想共同书写好这个故事，在日常生活中该怎么做，每个人需要做什么，以及该如何共同承担。

“婚后两个人还像单身汉一样生活，根本原因在于：双方都觉得没有理由去改变。按照自己的标准和期望生活，最容易不过了，因为你不用融入，不用改变，也不用妥协。尽管从法律角度来说，你们已经结合为一体，但你们其实还是随心所欲地过着自己的小日子。”维多利亚解释道。

亚历克斯意识到，他和金姆其实是各过各的。鲍勃的死改变了亚历克斯的人生轨迹，好友去世后，亚历克斯觉得，应该将生活过到极致。相反，金姆曾经眼睁睁地看着父母失去了一切，所以，她活得非常谨慎、小心。

因为他们都在照着自己的人生剧本生活，所以，在婚姻中，他们根本就不在同一个频道上。是什么让他们走到了一起？是什么让他们结合？这些问题引起了亚历克斯深深的共鸣。他意识到，要改变他们的关系，书写共同的故事是关键。他们需要设立共同的目标，点亮共同的梦想，追求一家人共同的理想，然后共同确定如何才能实现这些目标。他希望现在还不算太晚。

维多利亚继续解释她的理论：“我们之所以陷入婚姻陷阱，主要是因为不愿意调整思维方式，不愿意从‘我’这个范式转换到‘我们’这个范式。只有把夫妻双方看作是一个团队，而不是两个相互独立的个体时，我们才能开始解决这个强大的陷阱问题。使用‘我’的思维模式，解决不了婚姻陷阱的问题。只有使用‘我们’的思维模式，才能解决婚姻陷阱的问题。做出改变，第一步就是改变思维模式，这一点最为关键。接下来所有的决定都取决于第一步走得是否正确，思维模式不对，我们就前进不了，你明白吗？”维多利亚问道。

“明白。”

亚历克斯低头看着笔记。

第一个陷阱：婚姻陷阱

为什么？

1. 我们认为自己比另一半更有教养。

2. 没能把思维模式从“我”切换到“我们”。

3. 我们不愿意改变，或者说，只有对方改变了，自己才愿意改变。

传统应对方法

聚焦双方的共同点，尽量减少或干脆彻底忽视双方的差异。

顿悟式突破

为恋爱双方/夫妻双方创造共同的愿景，并共同确定实现目标的途径。

维多利亚看了看手表，都快到中午了。自亚历克斯敲门到现在，已经过去将近3个小时了。

“亚历克斯，我再有15分钟就要上瑜伽课了。我们过两天再见面，可以吗？”维多利亚一边穿拖鞋，一边朝门口走，一边问道。

“当然啦，请便。”亚历克斯回答说，“感觉我在占用你的时间，你确定不会不方便吗？”

“一点儿都不会。”维多利亚说道，“能和你聊天，我很开心。罗伯不在家，很高兴有人能陪我。过了这么多年，我真的很乐意和你叙叙旧。”

* * *

亚历克斯返回酒店，眼前看到的一幕真是再熟悉不过了。两个孩子都坐在酒店房间里，谁也不说话，眼睛都直勾勾地盯着手机。他走进去的时候，他们几乎连头都没有抬。

“劳拉，迈克尔！”他径直走到他们面前，但他们还是没有抬头，“哈喽！伙计们！我们可是在夏威夷呢！你们怎么还在看手机呢？咱们到外面去，去海滩玩吧！”

劳拉头都没抬，朝他挥挥手说：“老爸，等一下，我必须得把这个看完。”

迈克尔也说：“我快打到第九级了！再给我一分钟时间。”

亚历克斯翻翻白眼，这些老掉牙的话他已经听了很多遍了。

劳拉看完社交媒体上的东西之后，才开始注意到她老爸，“那你呢，爸爸？你干吗不去海滩呢？你一直和那位维多利亚女士在一起？她是不是用鸡蛋大惨败的事把你挟持了？”

亚历克斯不敢相信，维多利亚竟然把鸡蛋大惨败的事情告诉了孩子们，就算是顺便提一嘴也不行——那个故事应该很久很久以前就被遗忘了呀。他和鲍勃小的时候很顽皮，做了很多恶作剧，但是他不准备让劳拉知道这些事。

“她其实特别棒！我从她身上学到了很多。”亚历克斯说道，他思考了一会儿，说，“伙计们，你们知道的，我父母从来没告诉过我他们究竟过得怎么样。他们什么都不想让我们知道，什么都瞒着我们。他们认为，有些事根本就不该拿出来讨论。不过，我现在不知道那个想法对不对了。如果他们之前对我更坦诚的话，可能我就不会犯那些错误了。”

迈克尔刚刚打过了第八级，抬头看着他，脸上的表情很奇怪。

“这次旅行，你们妈妈没有来，弄得我很难受。我们当时就是在这里度的蜜月，我们本来要在这里庆祝结婚纪念日的。”

“太恶心了，爸爸，我们根本就不必听你说这些。”劳拉抱怨道。

“我知道，我知道，我只是说，她不在这里，我真的觉得很难受。”亚历克斯承认说。

迈克尔的脸涨得通红，他插了几句：“爸爸，妈妈没来，都是你的错，全都是你的错。你总是这样子！你要是没买那辆破车，要是没把来夏威夷度假的钱都挥霍光的话，她肯定会来的。”迈克尔把头扭向另一边，不想让他们看到他的双眼已饱含热泪。

“嘿……迈克尔。”亚历克斯走到迈克尔床边，想拥抱他，但迈克尔转过身，没让他抱。亚历克斯在那儿坐了一小会儿，想想自己能说什么。

“嘿，迈克尔，你可能说得对。但是，不管该怪谁，有件事可以肯定：你们的妈妈和我一直都不在同一个频道上，不只是这一件事，很多事情我们意见都不统一。”亚历克斯吐了口气，继续说道，“其实维多利亚和我就是在谈论这件事。她说，两个人相爱，结婚后，往往没能从‘我’转变为‘我们’。”

“你说这话是什么意思？”迈克尔擦着眼泪问道。

“嗯，就好像是一个足球队。”亚历克斯看到自己吸引了儿子的注意力，“你有没有和这样的球队踢过球，每个球员都在为自己踢球？所有球员各自为战，为了自己的目标和荣誉而战？你有没有见到过和上面恰恰相反的球队——整个球队融合为一个整体，配合非常默契，就好像球员们可以读懂彼此的思想一样？”

“我想这两种球队我都见过。”迈克尔赞同地说。

“那么，婚姻的模式其实类似。婚姻是两个人一起过日子，但是，如果他们没有变成一个团队，那其实就相当于结了婚的两个单身汉。”

“你说是就是吧。”迈克尔耸耸肩说。

“我再给你举个工作上的例子。最近，我提拔了詹姆斯，一个明星销售员当了营销经理。詹姆斯销售做得很棒，我相信，只要他肯把营销方法教给其他人，整个团队可以像他一样成功。但是，问题在于，詹姆斯没能转变角色，他一直没把自己当成团队领导，还把自己当成单打独斗的销售员，总想成为大家关注的焦点。他没有意识到，作为团队领袖，自己成功与否无关紧要，重要的是，整个团队是否成功。他没能从‘我’转变为‘我们’。最终，很不幸，我不得不把他撤职，让他再回去当销售员。”

“在咱们家，你们两个谁是詹姆斯呢？”劳拉略带讽刺地问。

亚历克斯没理会她的口气，“嗯，或许我们两个人都是，我们都有错，你妈妈和我在所有事情上都持不同意见。事实上，我们俩就像磁体的两极，截然不同。我花钱大手大脚，没有责任感，而你妈妈很仔细，很有章法。在抚养孩子上，我也过于松懈，是个甩手掌柜，但你妈妈很严厉，事事亲力亲为。”

“是呢，妈妈和你完全不一样。”迈克尔说。亚历克斯感觉，他这么说并不是向着他。

“像你和我一样，迈——狗。”劳拉插话，朝迈克尔扔了个皮筋，几乎砸到迈克尔脸上，他朝她扔了个枕头过去。

“但是，我们俩这样是有原因的。”亚历克斯继续说道，“我这样做，是因为我就是这样长大的，我的父母和兄弟姐妹们对钱也不怎么在乎。”

“嗯呐，如果没有必要的话，为什么要量入而出？为什么要省着花钱？”劳拉评价说。

“对呢！一直以来，我都是这样的态度，但现在我有了难处，再怎么努力，收支都不能平衡。所以，我需要反省这个理念究竟对不对，也许我得改变理念了。

“妈妈和我还有一件事的看法不同，那就是，我们该在家里做多少家务活。跟我说实话，孩子们，我真的像你们妈妈说的那样，做家务做得特别少吗？”

两个孩子面面相觑，好像答案根本就显而易见。“爸爸，”劳拉说，“妈妈还是说轻了，好多年了，我从来没见你洗过一次碗。”

“至少我还扔垃圾吧——你们两个有谁按时扔垃圾呢？”亚历克斯质疑道，“我不同意你们的说法。我又不是什么都不干。在我小时候，我妈妈把所有家务活都包了，包括倒垃圾在内。”

“奶奶根本就是个奴隶。”劳拉说。

“那是你妈妈说的。每天下班回家，她都会提醒我，她不是我的奴隶。”

“是呢，爸爸。”迈克尔犹豫了一下说，“她就不是啊。”

“我意识到，我妈妈和你们妈妈的实际情况完全不同。我妈妈没有工作——她是全职家庭主妇，全职妈妈。而你妈妈呢，除了你们还小的那几年，一直在全职工作。”亚历克斯说。

“其实，我可能对她太漠不关心了。”他继续说道，“我花钱习惯不好，太大手大脚了，尤其是在你们两个讨厌鬼出生以后。”听了亚历克斯用的词，劳拉厌恶地撇了撇嘴，但他没理她。

“也不用把所有责任都揽在你身上，爸爸。”迈克尔插话说，“什么东西都想买，又不是只有你是那样。”他洋洋得意地看着劳拉说。

“得了吧，迈克尔，”劳拉也加入了对话，“说得好像你很完美一样？”

“好了，好了，只能说，你模仿我模仿得很好。”亚历克斯说道，想让气氛轻松一点。

“那这意味着我是个天使了？”迈克尔说。

“哦，你饶了我吧。”劳拉翻着眼睛说。

“嘿，你们两个，友好点儿，我需要你们的帮助。和你们妈妈分居后，我开始认真反省我们之间的关系，并反省我们一家人的互动方式。我想让你们两个帮忙解决问题，我们可以选择，选择不同的生活方式，选择如何相处，选择一家人在一起是快乐还是不快乐。在过去，我们没有把事情理清楚，但这并不代表我们不能向前看。过去发生的事情不能决定未来的走向，除非让历史重来，但我们可以为我们家重写未来。”

劳拉疑惑地看着迈克尔，迈克尔耸了耸肩膀。

“那么，爸爸，你想让我们做什么？我可不是剧作家。”劳拉疑惑地说。

“我只是要求你们两个思考一下，想象一下你们想要的理想的生活是什么样子。想一起做什么事，共同创造什么样的记忆？我们应该养成什么样的花钱习惯，保证一家人为了共同的目标努力，而不是各干各的？度假这几天，我们把这些事好好想一想，等回家后，咱们再细谈。”

“聊得够多了，我想去游泳了！”劳拉边说边从沙发上滚下来，换衣服去了。

亚历克斯笑了，这还是他第一次和孩子们这么交流，他们这么成熟，给他留下了深刻的印象。他意识到，如果他能承认自己的失败之处和缺点，孩子们也会那样做。他重新燃起了希望——觉得他们可以团结起来，解决这些问题，他只希望金姆能亲眼看到这些。

第二个陷阱：金钱陷阱

星期二，亚历克斯大部分时间都在沙滩上和孩子们放松。海水具有神奇的治愈能力，让他神清气爽。一直以来，他每天都在“忙、忙、忙”，终于有一整天时间什么都不做，简直令人耳目一新。

第二天早上，亚历克斯醒来后，觉得神清气爽，昨天晚上是他很长时间以来休息得最好的一次。他在海滩上跑了一会儿后，还觉得特别有精神，这让他感到很诧异！不管维多利亚说什么，他觉得自己都能应付自如。

亚历克斯敲响了海滩别墅的门。

“你看起来比在酒店的那天晚上要年轻5岁。”维多利亚惊呼道。

“感觉像换了一个人，我都没有意识到以前我都筋疲力尽到那种程度了。”亚历克斯承认说，“我很期待今天的谈话。”

“好了，你不必再等了。咱们现在去外面吧，早餐摆在门廊那儿。”

因为跑了步，亚历克斯感觉比平常还要饿，他几分钟就把蛋卷吃掉了。然后，假装抿了口维多利亚做的蔬果昔——今天是绿棕色的，看起来很恶心——但是等她进去取餐巾纸的时候，他赶紧把杯子里的东西倒进了灌木丛。

维多利亚回来后，发现亚历克斯脸上没有果汁胡子，她怀疑地看了看他，但是什么也没说。

“亚历克斯，你带着陷阱学的笔记本了吗？”

“在这儿呢。”他把红色的笔记本举起来，说道。

“好！现在咱们谈谈你的债务吧。”

亚历克斯往前凑了凑。他知道会谈到这个，不管是什么办法，只要能帮到他，他都愿意接受——反正他是一点儿办法也没有。

“欠债是人们陷入的最致命的陷阱之一，人们没有意识这个陷阱有致命的危险，所以没有采取必要的措施。当然，他们没有经过专门的训练，所以辨别不出各种迹象。”

“什么迹象呢？”亚历克斯问道。

“就是陷阱最基本的特征，我们那天讨论过，还记得吗？陷阱具有诱惑性、欺骗性、黏性和限制性，很难摆脱。欠债很典型，这四个特征全都具备。”

亚历克斯点点头，准备好迅速进入状态。

“好吧，以我的经验来看，人们落入债务陷阱，主要有三个原因。”维多利亚深深吸了一口气，说，“首先，他们花钱时，缺少远见。他们活在当下，不考虑未来，不能自律，也不能约束家人，不能放弃一些不必要的开支，从而开始欠债。第二，他们陷入了竞争性消费的恶性循环，或者说忍不住攀比，比阔气。第三，他们拒绝接受现实——老觉得最坏的情况只会发生在别人身上，不会发生在自己身上。”

“嘿，这有点儿针对我了哈。”亚历克斯假装很生气地说。

花钱缺乏远见：活在当下

维多利亚顽皮一笑，她说："为了赚钱，人们好像愿意做任何事情，但一件必要的事情除外，那就是，花钱克制、自律。我说自律，是因为孩子们会学父母的样子，父母有什么习惯，他们就有什么习惯，父母怎么做，他们就怎么做。如果父母总是活在当下，不负责任，那孩子们很可能会看样学样。"

"这点我感同身受，"亚历克斯说道，"在这方面，我女儿就和我一模一样。"

"那天晚上我碰到她的时候，我就感觉到了。你可能把她宠上天了，她是爸爸的小公主，对吧？"

亚历克斯笑了，"听起来好像你和我老婆聊过天呢。"

"我没和她聊过，我只是有这样的本事，善于发现这些东西。不管怎么样，"她继续说道，"如果我们没有制订理财计划，就会随波逐流，把钱浪费在享乐、享受上，从而导致理财计划偏离原来的战略方向。学着优先考虑储蓄、投资、教育、养老，然后在生活中量入为出，这需要有决心，更需要自律。如果我们只考虑今时今日，那我们永远没有自控力和决心来谋划未来。

"现如今，不欠债越来越难，这是因为，想要什么东西，就借钱去买，相当容易。消费太诱人了，通过信件，我们就能拿到银行签发的信用卡预批准通知，内容包括：使用信用卡有什么好处，能拿到什么奖赏，同时，使用信用卡，我们将获得自由。当然，信用卡的确有很多好处，但比起欠下一屁股债所产生的毁灭性负面影响来说，这些好处根本不值一提。信用卡公司就希望你欠债，希望你离不开信用卡。他们不希望你把欠的钱都还清，想让你只还最低还款额，这样的话，你只要购物、过度消费，他们就能从你身上赚取非常高的利息，听起来觉得熟悉吗？”

“相当熟悉，我觉得很羞愧。”亚历克斯说，“还有哪两个理由呢？”

竞争性消费

“好了，之所以会掉进致命的债务陷阱，第二个原因就是，我们想向身边那些好像比我们更快乐、更富有的人看齐，迷上了买‘东西’。在我们生活的世界当中，这种思维模式很普遍。我们认为赚钱的目的就是为了买买买！所以买了很多不必要的东西。我们一直消费、消费、消费！我年轻的时候，总和别人攀比，把时间都浪费掉了。这个循环很难打破，不过，过去几年来，我发现，那样太空虚了。”维多利亚承认道。

“买东西的问题在于，”她继续说道，“东西会占据我们的注意力。我们需要保护这些东西，东西坏了，我们还要修，过时了或彻底不能用了，我们还要买新的。你知道熵（entropy）这个词吗？知道是什么意思吗？”维多利亚问道。

“是呢，我想我确实知道这个词，上大学的时候科学课上学过。”亚历克斯说，“我想，是个物理概念？熵的意思是宇宙万物最终会从有序走向混乱或无序，我说得对吗？”

“是的，就是逐渐陷入无序状态的过程，想想孩子们的卧室。”

听到她这样关联，亚历克斯咧开嘴笑了，“那是迅速陷入无序状态，如果是慢慢陷入混乱，我想适应起来更容易些。”

“嗯，你抓住重点了。我们买的所有东西都有这个问题——不管是房子、车子、家用电器、玩具，还是衣服。从我们搬进新房子，或者把新车开出停车场的那一刻起，一切就开始瓦解了。但是，亚历克斯，还有一个更大的问题，那就是，如果我们是用信用卡买的东西，或者说，如果我们是分期付款，那就陷入了欠债的流沙中。我们必须承认这一点，欠债就是流沙。”

“啊，我正好是这种情况。”亚历克斯调整了一下坐姿，看着他的双手说，“我以前从来没有从这个角度考虑过问题，但你刚才的比喻确实很准确。”他想到自己，因为自己的生活方式，他超级依赖工作，依赖那份薪水。

“那么，第三个原因是什么呢？”亚历克斯问道。

拒不承认：最差的情况不会发生在我身上

“之所以落入债务陷阱，第三个原因是我们过于相信当下。”维多利亚继续说道，“大多数时候，抓住现在对我们有利。我们现在以某个价格买了房子，几年后，房子会增值20%到30%。为什么呢？因为这是房地产业的常态——升值，直到房子贬值为止，就像我们刚刚经历过的房地产泡沫破灭那场危机一样。如果是那样，突然间，你就处于水深火热之中。你会发现，房子上欠的钱比捏在手里的价值还要高。”

“你是怎么知道的？我正是这种情况。”亚历克斯说。

“我是猜到的。过去你可能总想着，总有张安全网兜着。”她继续说道，“你工作一直很努力——对公司很忠诚，相信自己前途不可限量，能够不断升职，涨工资，拿奖金，对吗？”

“嘿，没有人能想到自己会被解雇啊。”亚历克斯辩解道。

“亚历克斯，正因如此，我们才落入了债务陷阱啊。因为我们没有未雨绸缪，或者说，事情发生了，我们却假装没有看到。新来一个领导，我们就失宠了。公司被兼并了，或者说公司没能适应变革整个产业的新技术，我们，和公司一样，就被打了个措手不及。”维多利亚回答说。

“我就是发生了那样的事情。”亚历克斯哀叹道。

“如果我们认为，太阳总会升起，未来一片光明，我们总有赚钱的能力，那么，就算最糟糕的情况发生，把生活搞得乱七八糟，自己也已经做好了应对准备。我们要经常问问自己：我现在的财务状况还能持续多久？如果我的收入减半或者彻底没了收入，会发生什么事呢？我有办法还债吗？有办法承担那些固定开销吗？我们需要做好准备，以防最糟糕的情况发生。你想过这些事情吗，亚历克斯？”

“我的意思是，我试图想过。”他无力地说，意识到这句话从他嘴里说出来，听起来多么愚蠢啊。

维多利亚本想在这件事上再敲打敲打他，但感觉到他知道自己要做出很多改变，已经不堪重负了，所以没有再说。

“只要记住这一点——债务是我们的死敌，债务是流沙。债务越欠越多，最大的一个问题就是，我们需要付利息。”

“关于利息，我想给你看一段引文。我特别喜欢这段引文，我把它打了出来，裱好框，挂在墙上。来看看吧！”维多利亚说着，站起来，示意亚历克斯跟着她。

亚历克斯站起来，看了看手机，看有没有新消息。查斯发来了一封邮件，标题写着“***紧急***请尽快回复***”。他没忍住，把邮件打开了，但他注意到维多利亚正在等他，表情很古怪。他把手机放回口袋，反正愚蠢的手机在这里也加载不了信息。

“就是这个。”维多利亚指着一个金色画框说。

亚历克斯读了出来：

利息从来不睡觉、不生病、不死亡，它从来不住院，周末和假期也不休息，它从来不休假……它从不怠工，不下岗，从来不少工作一会儿……它没有爱心，没有同情心，像花岗岩悬崖一样，坚毅冷酷，没有灵魂。一旦欠债，日日夜夜，每分每秒，利息都缠绕着你。你躲不掉，逃不开，你解雇不了它。你再乞求、恳求、命令，它都不会屈服。如果你挡它的道，阻碍了它的前进，或者是没能满足它的需求，它就会击垮你！

亚历克斯读完后，默默地坐了大概一分钟的时间，他从来没有从这个角度思考过利息，但是这段话完美地描述了他目前所处的状况，维多利亚怎么会这么了解他呢?

维多利亚打断了沉默，“和你有关吗？”

“我每一天都是这样，听起来很吓人，但很真实。”亚历克斯承认道，“不过，你为什么要把这段引言挂在墙上呢？”

“因为我也曾是债务和利息的猎物。你以为你的情况已经很糟糕了吗？你根本想象不到当时我的债务有多重。每当我抵挡不住哪怕是小小的诱惑，想要再借钱，或者想要挥霍，我就会读一读这段话，然后做出相反的选择。”

维多利亚这么坦诚，亚历克斯很震惊，但是想到自己的情况，又觉得很沮丧。

维多利亚看出他很沮丧，“亚历克斯，振作起来吧！你不可能回到过去，改变过去，木已成舟。但在前进的路上，你可以随时纠正自己的航向。我能看出来，你现在已经上道了，可以开始学些策略和技巧，让你从债务陷阱中跳出来，从你不知不觉陷入的流沙中逃出来。”维多利亚笑着说道，想要让亚历克斯开心一点。

传统应对方法

“最近我几乎把所有关于债务的书都读遍了，我觉得大部分书有一个共同的问题：这些书都提出了相同的策略——做预算，而这些建议大多没有用。”维多利亚解释道。

“我要澄清一下，亚历克斯，我并不是建议你不要做预算，预算是理财的重要组成部分。我只是说，根据我的经验，只做预算，还不足以帮助人们摆脱债务。这是因为，合理预算需要意志力，而且必须要有顽强的意志力才能做到。人们短期内可以有所节制，但长远来说很难成功。就像一个人制订了新年计划，要严格按照最新的减肥计划减掉20磅，一开始还很有决心，大肆宣扬，到处炫耀，但很快就偃旗息鼓了，这就是为什么很多人会一次又一次地落入债务的陷阱。更糟糕的是，他们落入陷阱的次数越多，就越相信：自己永远不可能逃脱。”

顿悟式突破

看起来，亚历克斯并不觉得自己的情况能好到哪里去。

维多利亚很快就给他宽心，“是这样的，亚历克斯，如果能够逃脱，有些人就成功了，我就是活生生的例子。不久之前，我和罗伯也深陷债务危机不能自拔，我们刷着信用卡，买名牌，出国度假，去昂贵的饭店吃饭，购买没有必要的奢侈品。但我们并没觉得这么花钱有什么不对，因为我们攒了好多航空公司的积分、酒店的积分，我们想着，下次度假的时候，用这些积分，能省多少钱呀！你有没有在花钱后，这么给自己找借口呢？

“我们知道必须改变花钱的习惯。”维多利亚继续说道，“但真的不知道该从哪里下手。有好几个月，我们试着做了预算，结果却一败涂地。偶尔也有点儿进展，但不是我就是罗伯会把持不住，我们就又回到了原点。

“我们需要采用非传统的方式才行。罗伯在当地一家娱乐中心做志愿者，给一个少年篮球队做教练。他注意到，在两支球队对战时，只要他把体育馆的记分板打开，记录输赢的时候，那些孩子们就打得更起劲。相反，如果他们只是随便玩一玩，不计分，很快就不抢篮板了，也不防守了，开始消极对抗。自此之后，罗伯想让球队专注打球的时候，他就把计分板打开。

“有一天，我们讨论财务问题的时候，罗伯提出了一个想法：‘咱们也用记分板来记录咱们的债务，怎么样？我们可以记录还债的情况，然后做个记分板来展示。’还债不是比赛，所以不能用篮球记分板。不过，我提出了不同的想法，当时我们刚刚从亚马孙旅行回来。在那里，我们看到了很多蛇，有大蛇，有超恐怖的蛇，罗伯特别害怕蛇。当他问我该用什么来记录债务时，我想起他怕蛇，就建议说：‘用蛇怎么样？’罗伯做了个鬼脸，回答说，只要不把真蛇带进房子，这倒不失为一个好主意。

“我们买了一卷厚纸，在上面画了条蛇，然后剪下来。蛇的头很大，身子很长，从厨房一直延伸到起居室。蛇身上每隔一段就有一条线，每一段代表1000美元的债务。那时，我们信用卡欠了9万美元。这条纸蛇比我们在亚马孙见到的蟒蛇还要长。我们计划，尽快把信用卡的债务都还掉。每取得一点进展，就从蛇身上撕掉一截子。

“因为纸蛇，我们动力十足，很快就把信用卡债务都还清了，比预计的要快两倍，让我们大吃一惊。然后，我们开始还两辆车的车贷，然后又开始还房贷。不到5年时间，我们竟然把所有债务都还清了！

“因为用记分板记录债务大获成功，我们深受鼓舞，所以决定做一个真的记分板，写下我们的目标，称之为‘三大财务战略’，具体而言，就是：

1. 现金储蓄
2. 投资
3. 养老金

“因为已经还清了债务，就把以前用于还债的钱都拿出来，不断积累财富，我们这样做，是为了实现长期目标和计划。阿尔伯特·爱因斯坦将复利称为世界第八大奇迹，我们就是要利用复利强大的力量。以前，利息一直对我们不利——会弄出更多债务来，现在，能让利息为我们服务了。

“为此，我们用芳香的绿纸做了一棵树，上面有三个树枝，代表了财务计划的三大战略。我们不剪叶子，不丢叶子，也不烧叶子，相反，每攒1000美元，就给这棵树的树枝上添一片树叶。树变得越绿，我们储蓄账户里的钱就越多。

“因为之前习惯于用这些钱还债，所以，现在把这些钱存起来并不难。

每个月，我们都储蓄1000美元，投资1000美元，在退休金里存1000美元。一天天过去了，树枝越来越茂盛。

“我们在每个月的第一个周五，也就是发工资的日子，自动把3000美元存到三个‘树枝’里。一开始，感觉挺艰难的，但是一旦从账户里把这些钱扣掉，我们就得想法用剩下的工资过日子。很多人都犯了一个错误，他们不是先投资，而是把投资放在最后。这种办法的问题在于，到了月底，账户上可能就没钱了。所以，尽管你想得很好，但最终却实现不了最初的想法。只有主动养成好的习惯，你的财力才能越来越雄厚，才能有财务安全。

“亚历克斯，这些积极的理财习惯彻底改变了我们的财务状况，我们根本没想到效果会这么明显，多希望我们一早就养成这些习惯了啊。”

亚历克斯赞同地点了点头。

“那么，关于债务陷阱，顿悟式突破是什么呢？传统的方法认为：你要更加自律，你应该做预算，然后按照预算来花钱，缺钱的时候要自律、克制。传统的方法并没有错，但对于大多数人来说，这种方法基本上没什么用，至少不能只靠这种方法。非传统的解决方法是这样的：创造一个记分板，把还债当成是一场比赛，彻底还清债务，制订储蓄计划，日子才能越过越红火。”

维多利亚说完了，期待地看着亚历克斯，看他如何反应。

“哇，实在是太赞了！真不敢相信你们以前竟然欠了这么多债！”亚历克斯说，“我还以为只有我才大手大脚呢。”

“要不然呢，亚历克斯？你以为我这么高档的家装，是拿什么付的呢？”维多利亚揶揄道。

这时候，钟表又敲响了。已经中午，3个小时又过去了。亚历克斯欠的债并没有减少，但维多利亚将债务描述为陷阱，并且使用纸蛇和树让财务状况好转，这种做法极大地激励了他。他想着，这些策略可能对工作都有用。

维多利亚打断了他的思绪，“亚历克斯，我想说的最重要的一点就是：金钱可以成为你的工具，也可以成为你的主人。如果一个人欠了很多债，金钱就成了他的主人，他的选择将受到限制，而且发现自己处处受束缚。而当人们借助复利的力量，让金钱为自己谋利时，钱就会翻番，金钱的力量得以释放，为他们增加一定的筹码。

“当我们觉得自己没有抵挡住诱惑，又被债务控制得密不透风，喘不过气来，痛不欲生时，可以和那些也深陷债务危机的人们聊一聊，听听他们的见解，听听他们有什么遗憾，从他们的经验中吸取教训。当我们把还债当做是一场游戏，就能够吸引家人的兴趣，得到他们的真心支持，这样，他们也会改变自己的行为，所有人团结起来，为了共同的目标而努力。

“每次朝着财务战略目标前进一步，我们都应该深受鼓舞。财务进展包括：投资有了收益，我们又给孩子的教育基金添了些钱，我们的养老金又多了，一旦收入减少或者遭遇其他不幸，储蓄和备用金可以帮着渡过难关。亚历克斯，我说的这些你懂吗？”

“嗯，我都明白，我只是想确认把你刚才说的所有要点都记下来了。”亚历克斯低头看着他的笔记说道。

第二个陷阱：金钱陷阱

为什么？

1. 对于金钱，我们过于短视，导致我们活在当下。

2. 我们陷入了竞争性消费，想要和身边的人们攀比。

3. 我们拒绝承认现实，认为最坏的情况不会发生在自己身上。

传统应对方法

做预算，要自律。

要克制自己。

顿悟式突破

把还债变成一个游戏，一个有意思、能够调动起积极性的游戏。做一个记分板，放在家里，让家庭成员都参与其中。

"你知道吗，"亚历克斯说，"今天的谈话对我来说真的很有用。谢谢你，维多利亚，这正是我一直都没想到的。"

维多利亚微笑着说："很高兴能帮上忙，年轻的陷阱学家，我都等不及要听听你们会怎么办了。我说的你们，也包括劳拉和迈克尔。"维多利亚补充道。

"我和你的想法一样，我觉得他们会喜欢这个想法的。"亚历克斯回答说。

维多利亚注意到，亚历克斯看起来压力没那么大了，负担也减轻了，他的双眼炯炯有神，散发着新的光芒。

"我知道你们再过几天就要回去了，但我还不想说再见呢。你走之前，还想和我再见一面吗？"

“当然啦！这两个陷阱已经够我寻思一阵子了，但我很高兴咱们把一切都说到了。”亚历克斯叹了口气，轻松地说。

“喔，我可没那么说。”维多利亚一边关门，一边做着鬼脸说。

听了维多利亚最后说的那句话，亚历克斯有点不安，但总之，他兴高采烈地离开了维多利亚家。他不敢相信，自己以前怎么没有意识到这些原则具有如此强大的力量呢！他知道，使用记分板可以激励营销团队，但他从来没有把记分板和债务联系起来，没有在家里用过。他迫不及待地想把今天学到的东西告诉孩子们，也等不及向他们说说自己的计划。他知道，迈克尔肯定会觉得爸爸疯了，会告诉金姆。但亚历克斯并不介意，事实上，他正希望迈克尔把事情告诉他妈妈呢。

* * *

在回去的路上，亚历克斯终于有机会读查斯发来的邮件了。究竟什么事这么紧急呢？他想不通。事实上，只不过是让他回复是否参加公司下个月举办的午餐会。简直了！

亚历克斯回到旅馆后，两个孩子正在为早餐该花多少钱争吵。劳拉坚持要吃自助餐，这样她会有很多选择，但迈克尔觉得太奢侈了，那得花29.95美元呢，迈克尔只花了8.5美元吃早餐，是一份百吉饼加一杯橘子汁。现在，亚历克斯用全新的目光看待他们的分歧，在孩子们身上，他看到了自己和金姆的影子。从全新的视角观察两个孩子，感觉好奇特呀！

劳拉让亚历克斯当裁判，他说：“亲爱的，早餐花29.95美元，实在是太奢侈了。”听到他的话，劳拉震惊了。

“看吧，我早说过，劳拉。”迈克尔沾沾自喜地说，以前遇到花钱的事，亚历克斯从来没有站在他那边。

“你怎么啦？”劳拉目不转睛地看着他说，“自从去过维多利亚家以后，你就变了。”

“改变不总是坏事。”亚历克斯回答说。

“你都要吓着我了，爸爸。”劳拉突然说道，“那位女士给你施了什么魔法？我不知道喜不喜欢现在的你了。”

看着她的眼睛，亚历克斯若有所思地歪了歪头，“她帮我意识到我以前从来没有考虑过的一些事情，非常不错。不，事实上，实在是太棒了。”

亚历克斯坐到迈克尔身边的沙发上，迈克尔问道：“那么，你们今天谈论什么了呢？”

“她帮我把问题和挑战定义为陷阱。”

“陷阱？”孩子们异口同声地问道。

“陷阱。”亚历克斯肯定地说。

“那么，爸爸，你掉到哪个陷阱里了呢？”劳拉忍住笑意，问道，“捕熊陷阱吗？”

“想得美！”亚历克斯笑着说，“到目前为止，维多利亚给我讲了两种陷阱，一个是婚姻陷阱，昨天我跟你们说过了，第二个是金钱陷阱，今天我们讨论的就是这个，但是听起来好像她还没有说完呢。”想起分别时她说的话，亚历克斯不禁叹了口气。

“等等，你没开玩笑？”劳拉说，“那我可得听一听。”

“提到债务，尤其是信用卡债务，我可是最大的罪人了。”亚历克斯承认道，“我的意思是说，为了这次旅行，我又新办了一张信用卡。”

“所以呢？那又有什么问题呢？”劳拉追问道。

“老实说，在过去，我没发现这样做有什么问题。但我的债务成山，很快就还不起了。每个月我都要付很多利息，所以压力特别大。”

“那么，你准备怎么改变呢？难道你要变得像迈克尔一样无聊吗？从此再也不玩乐了吗？”劳拉哀叹道。

“不是的，劳拉。和你、迈克尔和妈妈在一起，是我最快乐的时光。但是现在，我大部分时间都在还利息。如果所有债务都还清了，我就可以拿出一部分收入来度假、旅行，那可是我们最喜欢做的事情了。”亚历克斯回答说。

“那么，爸爸，你准备怎么还清债务呢？”迈克尔兴致勃勃地问。

“迈克尔，这就是最酷的地方了。维多利亚建议做个记分板来记录还钱的进展，我们可以做一条纸蛇，代表刷信用卡欠的5万美元，然后我们把蛇挂在家里。我们一边还钱，一边撕蛇。”

“你信用卡欠了5万美元？”迈克尔难以置信地问道，“怎么可能呢？”

“哦，当然可能了。”亚历克斯回答说，“等这次旅行结束，账单就到5万5千美元了。”

“哇，那欠得可真多呀！”迈克尔沉思着，不禁大声说了出来。

“是呀，是很多。”亚历克斯承认道，“但也不是很糟糕。我想如果我们用记分板的话，只要用12到18个月的时间，我们就能把这笔账还清。”

劳拉翻了翻眼，气冲冲地说：“嘁，说得好像是真的一样。”

亚历克斯假装没听到女儿消极的话。“听着，”他看着迈克尔说，“如果咱们每个月攒3000美元还信用卡，而且不添新债，那咱们就办得到。”

劳拉突然大声喊道：“就因为一条纸蛇，一切就会奇迹般地发生？我们以后就可以永远幸福地生活在一起了？”

“嘿，我自己也有一点怀疑，”亚历克斯对劳拉说，“但是……”

“爸爸，我喜欢这个想法。”迈克尔打断他说，“我都等不及做咱们的债务蛇了。”

亚历克斯咧嘴一笑，说：“迈克尔，我正希望你会那么说呢，我们最好把蛇做得又长又漂亮。你们觉得呢？做好纸蛇后，咱们把它分为55节，每节1英寸，代表1000美元，总共5万5千美元。”

“我想现在就做。”迈克尔从床上跳下来，喊道，他抓着劳拉的胳膊肘说，“劳拉，跟我来，好吧？”拉着她往门口走的时候，劳拉抱怨个不停。“爸爸，我们一会儿就回来。”迈克尔兴奋地说。

20分钟后，他们回来了，从厨房里拿到了厚纸，又从前台拿到了三把12英寸长的尺子和几支马克笔，迈克尔计算了一下尺寸。

“我们用两英寸来代表1000美元怎么样？这样我们能真正看到蛇在缩小。”迈克尔问道。

“缩得越快越好。”劳拉严肃地摇了摇头。

“那么，整条蛇就110英寸长了，而且这还没算蛇头。”他说着，在一小片厚纸上写下数字。

“如果算上蛇头10英寸，那我们要做的可是一条10英尺长的蛇了！”劳拉插嘴道。

迈克尔点点头，表示同意。他在长长的厚纸上标上尺寸，然后劳拉把纸拿过去，做成了蛇的形状和样子。然后他们一起做了个蛇头，血口大张，好像要活吃了他们一样。迈克尔又添上了尖利的牙齿和长长的舌头，劳拉画上了亮晶晶的小眼睛，把眼睛染成红色，然后在眼睛上面的眉间画了一条沟。总之，这条蛇看起来特别邪恶！

亚历克斯坐在沙发上，看着两个孩子做纸蛇，感觉很高兴。他刚刚才提出了这个想法，没过多久，他俩就做好了蛇，就等回家后挂在墙上了。他惊讶地摇了摇头。

之前在家的时候，亚历克斯和金姆曾经试着让一家人坐下来，讨论一下家庭经济状况以及做预算的必要性。但会从来没有开成过，主要是因为他本人并不支持。现在，看到两个孩子对还债计划这么热衷，他深受鼓舞。迈克尔从一开始就全力支持，劳拉帮忙做了纸蛇之后，好像也越来越上心了。

“我们现在就在酒店住着呢，为什么不把蛇挂起来呢？”劳拉看着亚历克斯，建议道。他笑着同意了。她转身对迈克尔说：“咱们去还尺子和马克笔的时候，再从前台借一下胶带吧。”亚历克斯几乎不敢相信刚才发生的事情。

劳拉和迈克尔把做好的纸蛇挂在墙上，迈克尔问他爸爸：“这次旅行咱们能不能不要欠5000美元呢？”

“嗯，估计不行。”亚历克斯说，“你们俩每个人的单程机票是600美元。我是用积分换的机票。酒店房间一晚上是500美元，总共要住5晚。因为宾馆做活动，有两晚是免费入住。”

“爸爸，到现在为止，咱们总共花了3200美元。”迈克尔快速计算道。

“对的！我算过了，咱们吃饭、市内交通、娱乐大约还需要再花1800美元。”

迈克尔很好奇，“那么，到目前为止，咱们额外已经花了多少钱呢？”

“嗯，我们是星期六到的，今天是星期三。”亚历克斯翻着桌子上的收据，说道。

“给，迈克尔，你比我更擅长计算。把这些票据加一下吧？”

“当然啦。”迈克尔说道。他拿起手机，打开了计算器，几分钟后，就算出来了。

“到现在为止，已经花了543.96美元了。”他扯着嗓子喊道。

“喔，花了好多钱呀！”劳拉说道。

“我们在罗伊餐厅花了151.12美元，在汤米巴哈马餐厅花了175.89美元，在吃鱼的那个餐馆花了124.5美元，昨天晚上我们吃寿司花了92.45美元。”迈克尔一边翻着票据，一边说道。

“哎哟，”亚历克斯说道，“我们在酒店花了多少钱？”

“我估计可以从电视上查到咱们在酒店的消费记录，”迈克尔主动说道，“让我看看，我能不能查出来。”

几分钟之后，迈克尔就查好了，总共花了325.55美元。他注意到，有7瓶无酒精冰镇果汁朗姆酒记在他们账上，花了75美元。他对着劳拉，问道：“讲真，你真的每天晚上都喝冰镇果汁朗姆酒？”

“算是吧。”劳拉承认道，“周六喝了一瓶，周日喝了两瓶，周二又喝了两瓶……我就记得那么多。”

“周日喝了3瓶！”迈克尔说道，“你必须要算上在汤米餐厅喝的那一杯。”

“你说，如果我不能在汤米餐厅点冰镇果汁朗姆酒，那我还来夏威夷干什么？”劳拉为自己辩解道。

“所以，你这么奢侈，害得我们的花销成了……869.51美元。”迈克尔宣布道。

“还不错，我们还有900多美元，剩下三天够花了。”亚历克斯说道，又回到原来的思维上了。

“如果我们接下来的三天只花430美元，这样我们就只需要欠54500美元，而不是55000美元呢？”迈克尔问道。

“那样我们就能从纸蛇上撕下500美元，整整一英寸呢。”亚历克斯说。

“少一英寸算一英寸嘛。”劳拉笑着说。

“当然了，干吗不省呢？你们两个实在是太棒了！非常感谢你们的支持！”

“这个嘛，又不是特别难。”劳拉好像对他刚才的话不以为然，但随后她又笑着说道，“以后不能多花钱才难呐！”

“嘿，趁着太阳还没有落山，咱们再去沙滩上转转怎么样？”

亚历克斯和孩子们赶紧换好泳衣，朝酒店后面的海滩走去。在电梯里推搡打闹的时候，在海浪里嬉戏的时候，他们之间产生了一种新的同志般的情谊。太阳还照着，海水很温暖，海浪刚好适合冲浪，亚历克斯觉得以前从来没和孩子们玩得这么开心过。想到这里，他感觉一阵阵痛苦和悔恨。他真的很想念金姆，她不在，家就不完整。

太阳慢慢落山了，地平线上仿佛被涂上了各种颜色，顿时活了起来。他们一起躺在浴巾上，劳拉指着地平线，让爸爸和弟弟看那美景。亚历克斯想，今天是多么不同啊！他迫不及待地想看明天会带来怎样的惊喜。他发现自己还是希望金姆也在这里，一起享受这一切。他想知道她会有什么感觉，她会想些什么。迈克尔的问题把他从思绪中拉了回来。

“嘿，爸爸，咱们晚上吃什么？我都要饿死了！”

在海里游泳、打闹了好几个小时，他们都筋疲力尽了，现在都饥肠辘辘的。换下泳衣，穿上干净的便服，感觉真不错。

“好呀，咱们今晚去当地的流动餐车上买吃的，怎么样？饭菜不错，事实上，有些简直称得上是美食。更棒的是，那儿比这里很多餐馆的饭菜要便宜。有墨西哥菜、中国菜、泰国菜，还有最最好吃的夏威夷虾。最赞的是，咱们能挑选不同的饭菜，然后到中间的餐桌上一起吃。”

劳拉买了泰国菜，迈克尔买了墨西哥菜，亚历克斯最终选了一大盘米饭和蒜香夏威夷黄油虾。太好吃了！三个人分享着各自的计划，聊得很开心。他们互相打趣，看谁选的菜最好吃。吃完饭后，迈克尔开玩笑地把每个人的收据都收起来，记录这顿饭花了多少钱。他们发现，与那几顿昂贵的饭相比，今天晚上只花了一点点，但他们比以前吃得更开心。发现这一点后，大家都兴奋不已，或许这个新办法确实管用呢！

第三个陷阱：专注陷阱

在夏威夷的最后一个早上，亚历克斯去维多利亚家的时候，又沿着海滩跑了一会儿。

“亚历克斯，很高兴再次看到你！你在这儿可晒黑了不少！难道你没听说过防晒霜吗？”她开玩笑地说。

“哎，我知道呀，孩子们都笑我了。他们说我现在只有两种颜色——红白相间。所以，我现在要把红色给保住，因为红色持久呀。”

“好吧，我给你抹些芦荟胶吧，是纯植物的，能缓解你脸上的晒伤呢。”

“很感谢再次邀请我过来，维多利亚。你对我太好了，肯花时间陪我，还把真知灼见讲给我听。不过，这段时间刚好罗伯不在，如果能再见到他，就更好了。但是，和你一起待着，我已经觉得特别好了。”

“当然了，亚历克斯。不过，不要太依赖我呀。”维多利亚眨了眨眼，又递给他一杯蔬果昔，亚历克斯沮丧地注意到，这一杯果昔的颜色很奇怪，果汁黏稠，看了令人不舒服。

“噢不，维多利亚，对不起。你真的很好，给我做果昔。但我真的受不了了，别让我喝这个了。”

“你到现在还活得好好的，真是奇迹呀！我的朋友，你已经把那么多垃圾吃到肚子里了。喝吧！对你有好处！”

亚历克斯看了看她，低头看了看蔬果昔，抬起头，乞求地看着她。

但是，他发现维多利亚并不会饶了他。“喝吧！”维多利亚坚持道。

亚历克斯做了个鬼脸，然后喝了一大口，咽了下去。令他奇怪的是，他发现这东西并不像看上去那么难喝，他扬了扬眉毛说：“没……没有毒……”他耸了耸肩膀承认道。维多利亚一直盯着他，直到他仰起头，一饮而尽。

他们一起往房子里走去。“不领情的小……”维多利亚摇着头，咕哝道。

“你的味觉可能还像个5岁的孩子，亚历克斯。但在你们离开这个度假天堂之前，咱们还能最后再见一面，我感到很高兴。”维多利亚说。

“我倒希望能多待几天……”亚历克斯口气软了下来，“但身不由己呀。”

“可能的确如此，希望在我们谈论过下一个陷阱后，你能用全新的视角看待工作和家庭。”

“好呢，我听着呢。”他身体向前一倾，说道。

“第三个陷阱是专注陷阱。这个陷阱最大的危险就是：陷入一团乱麻的琐事中。”她说道。

“喔喔，听听你说得多押韵，陷入一团乱麻的琐事中（英文是the thick of thin things——译者注）。”亚历克斯若有所思地说道。

“事实上，那句话我是从一位睿智的精神领袖那儿听来的，他确实喜欢押韵。”

“那么，究竟是什么意思呢？”亚历克斯追问道。

“小事就是生活中不重要的事情。”她继续说道，“它们占据了我们的注意力，但却对实现目标无益。陷入一团乱麻的琐事中，意思是，我们和大多数人一样，只关注生活中那些肤浅的琐事。”维多利亚解释道。

“你看，亚历克斯，大多数人总想把所有事都做完，待办事项一件接着一件，陷入了各种活动的怪圈。他们被生活中的小事所困，一直做事情，做事情，光顾着做事，都分不清什么重要，什么不重要了。他们没有想过什么事情最有意义，也没有搞清楚什么事情重要。”维多利亚停下来，观察亚历克斯的表情。

“如果你没能严肃思考、反思你最看重什么，”维多利亚警告道，“所有事情——不管是重要的事情还是琐事，都会搅和在一起。事实上，亚历克斯，反倒是琐事最占我们的精力。真正重要的事情则需要我们主动采取行动，需要我们跳出常规，从日常安排中把时间腾出来，这样我们才能聚焦重点。否则，会被日常生活的琐事和其他人的事情弄得不堪重负。”维多利亚继续说道。

“亚历克斯，你已经开始在生活中做出深远的改变。有机会反省一下：对你来说，生活中最重要的事情是什么。你能告诉我有哪些吗？”

“当然了，但是我可能需要思考一下。”亚历克斯回答说。

“好的，很好。你为什么不花5分钟写下你认为生活中最重要的事情呢？不要评判——只要把你的想法和感受记下来就行。随后，你可以精简，也可以再添加。”维多利亚建议道。

安安静静地思考了5分钟后，亚历克斯的清单开始成形了：

- 金姆、劳拉、迈克尔
- 创业

- 锻炼
- 8小时睡眠
- 度假
- 和亲戚、朋友的关系
- 精神生活
- 读名著
- 冥想、反思
- 和查斯打高尔夫球

维多利亚打破了沉默，“好了！5分钟到了！”

“5分钟过得可真快呀！”亚历克斯叹息道。

“清单上有哪条是你没想到的吗？”维多利亚好奇地问。

“有呢，清单上的第二条是创业，我以前没有意识到这件事对我这么重要。”亚历克斯说道。

“详细说说吧。”维多利亚追问道。

“嗯，从我记事起，就一直想拥有自己的公司，但一直没有采取过任何行动。现在我已经进入不惑之年，如果不赶快行动的话，我都不知道还会不会行动了。”亚历克斯说道。

“是什么事让你没能行动呢？”她问道。

“可能是因为工作干得不错，反倒被困住了，很奇怪吧？每当我想付诸行动的时候，公司恰好给我升职加薪，条件实在是太丰厚了，我根本没法拒绝，结果就继续干着。我一直在找合适的机会采取行动，但好像时机总是不对，不知道有没有那么一个‘完美的时间’开始创业。我只知道，拖得越久，就越难离开公司。”亚历克斯哀叹道。

“我告诉你吧！如果你相信自己的直觉，你肯定知道自己该什么时候离开。”维多利亚鼓励他说。

“我当然希望能够如此了。”

维多利亚又看了看亚历克斯的清单，“你说，你在清单上有没有看到要不停地看球赛的最新赛况呢？”

亚历克斯不好意思地摇了摇头。他想起来，他们第一次谈话时，他把电话掏出来的时候，维多利亚看他的表情。亚历克斯想，他早该料到她会提到这一点。

“那上面有没有要第一时间回邮件呢？”

关于此，亚历克斯并不同意她的说法，“等一等，维多利亚，我的工作可不能耽误。如果我不查邮件，怎么能做好工作呢？”

“啊，亚历克斯，”维多利亚回答说，“关于此，我们一会儿再说，我想让你再思考一些事情。归结起来，我们陷入琐事的乱麻中，有三个原因。”

我们不会选择，来者不拒

“每天我们会接收到很多信息，根本没有办法消化所有。很多人来者不拒，想把所有信息都消化，但不管他们多努力，最终都会以挫败而告终，因为信息量实在是太大了。我们一直联着因特网，电子世界充满了各种琐碎的小事，新鲜的东西永不下线。而我们则像进入了默认模式，只注意到那些叫得最响、表现得最光鲜，或者当即就能收到回报的事情。没有所谓的过滤器来进行区别，哪些事情真的需要我们关注，哪些事情会分散我们的注意力。

“我们也缺乏耐心，是‘快餐’一代，对我们来说，永远不够快。我们想让事情多快发生，事情就得多快发生。我们很少考虑事情的自然进程，没能意识到，好东西需要时间，并不能说拿到就拿到。

“过去20年来，世界发生了巨大的变化，因特网、邮件、社交媒体，开始支配我们的生活。亚历克斯，在我小时候，如果人们想要找一个人，他们只有三种方法：当面拜访、打固定电话，或者写信。现在，找一个人的办法太多了，很多都是即时通讯。在过去，如果生意伙伴想要联系你，他们会在工作日的上午9点到下午5点之间找你。而现在的情况是全年365天，一周7天，每天24小时，时时可以联系。就没有邮件或短信找不到你我的时候，人们期望你能立刻回复，你也有冲动想要立刻回复，世界彻底失控了。”维多利亚解释道。

“过去，我们的工作和生活之间有分界线，现在已经彻底消失了。更糟糕的是，在这种情况下，我们对各种信息来者不拒。面对信息洪流的狂轰乱炸，我们一般的反应，不是把信息流截断，或者减少信息流，而是试图把所有信息都处理好。然而，信息泛滥，我们需要投入的时间越来越多，时间越来越紧迫，越来越难以抗拒。最终，我们感觉不堪重负，结果反倒把重要的事情疏忽了。我们需要采用新方法，现在的做事方法不可持续，不能再以这种疯狂的速度生活了——必须要放弃一些东西。”

电子世界充斥着琐事

“我们生活在一个电子世界，充斥着各种不相关的信息和活动，现在我们刚刚开始意识到跟虚拟世界时刻相联造成的伤害。”维多利亚坚定地说。亚历克斯认真听着。

“我刚刚读了一个研究，发现美国人每天要查看社交媒体账号17次。亚历克斯，我们醒着的时候，平均每个小时就要查看一次——或许还不止17次呢。是不是很令人担忧呢？想想我们浪费了多少时间和精力！”

亚历克斯不禁想起来，有无数次，他发现孩子们本来应该去户外享受大自然、阅读或者和朋友们一起玩，结果他们的眼睛却直勾勾地盯着手机屏幕。

维多利亚想到了亚历克斯每时每刻都会关注的赛事结果即时推送。

“嘿，我又不是每天都更新脸书，我还不错。”亚历克斯骄傲地说。

“当然了，亚历克斯。但社交媒体并不是唯一有害的东西，我们一直离不开电子产品，不管是上社交网站，还是使用因特网，都让我们觉得所有东西都应该即时可得。正像我之前提到过的一样，我们活在一个‘注重当下’的时代，我们希望，不管现在想要什么东西，立马就能拿到。不管是问题的答案，还是想吃的东西，还是一直等待的爱情，我们已经习惯了。”

亚历克斯点点头表示同意，“我一有问题，就立即查询答案，都不记得什么时候没有立即查到答案——至少在遇到你之前。每听一个陷阱，我就得等好几天的时间。”

维多利亚微笑着说：“我只是想帮你意识到自己陷入了何种状态。因为随时可以上网快速查询信息，所以我们期望身边的人也能即时给我们答复。他们怎么还没有回复呢？我们什么时候才能收到答复呢？仅仅因为可以随叫随到，并不意味着我们应该随叫随到。

“现在联系、娱乐的渠道实在是太多了，每种方式都有其相应的义务和规则。这些事并不重要，却占据了我们宝贵的时间，分散了我们的注意力——浪费了我们的时间，把真正有意义、重要的事情放到了次要位置，甚至彻底给抛在了脑后。这意味着，我们为了眼下的享受，放弃了长期的回报，咱们花时间好好体会一下吧。”

亚历克斯用手摸着自己的下巴，沉思起来，“现在孩子们过的生活和以前完全不同，真是太疯狂了，是吧？

“以前孩子们常常和朋友们一起玩耍、读书、异想天开、在户外探险，玩得很开心——至少我和鲍勃小时候就是这么玩的。”他继续说道，“甚至在这儿，夏威夷，劳拉和迈克尔的一部分注意力也被电子屏幕给占了。以前玩耍那么美好，究竟哪儿去了？”

“很吓人吧，哈？情况变了。我刚刚读了一个报道，一位医生说，治疗海洛因和冰毒吸食者要比治疗沉迷游戏的人，或者是过于依赖社交媒体的人都容易。听了以后，你想不想把孩子们的手机扔到大海里去？想不想把你的手机也一起扔了？”

“特别想！”亚历克斯赞成地说，“但这不现实呀。”

“为什么不行呢？”维多利亚反驳道，“亚历克斯，你可以创造属于自己的现实世界。一直保持联系，把时间浪费在盯着屏幕这样的小事上，有百害而无一利，没有任何价值。

“这就是为什么很多技术专家让他们的孩子在不使用电子设备的学校上学，或接受蒙特梭利式教育。科学家们把电子屏幕叫做电子咖啡因，并非没有道理。这个问题已经非常严重，它渗透到了现代社会的各个角落，极大地影响了我们的注意力和生产力。”

“哇，这些理论听起来真的让人很难受，我那两个孩子真的特别需要放下电子设备，休息休息了。”亚历克斯叹了口气说。

“亚历克斯，并不是只有你的孩子们需要远离电子设备，你可能需要更仔细地审视一下你自己。咱们就待了那么一会儿，我就注意到，你下意识地看了好多次手机，手指甚至不自觉地去摸使用率最高的app。”维多利亚温柔地说，“你自己可能也要考虑减少电子产品的使用。”

亚历克斯正要反对，但是意识到没办法为自己辩护。过去一周以来，他感觉手机对他的吸引力越来越弱了，但是他知道，等回到家，就很难拒绝手机的诱惑。他需要评估一下状况，养成新的习惯，采取控制手段，不想因为无法抗拒屏幕的吸引，就错失生活中的美好。

生活中美好的东西需要付出时间

“生活中有意义的事情都需要我们付出时间、辛苦和努力。”维多利亚继续说道，她开始讲陷入专注陷阱的第三个原因，“亚历克斯，我想让你花5分钟时间，把你最为骄傲的成就写下来。”

“好啊，当然可以啦。”

亚历克斯接受了这个挑战。他想到了三件事，觉得至少在目前这个阶段，这些事能代表他最大的成就。他打开红色的笔记本，简略地写道：

家庭——金姆、劳拉和迈克尔

工作上取得的成就

和上帝的关系

“好了，亚历克斯。看看你写下的这三件事，有没有发现它们有什么共同之处，让它们比那些没有上榜的事情更重要呢？”维多利亚问道。

“嗯，这个问题很有趣。我看共同之处在于关系——和上帝的关系，和家人的关系，和同事的关系，它们好像比其他事情更重要。”亚历克斯回答道。

“总结得不错。”维多利亚笑着说，“在你看来，人际关系要成功，最关键的因素是什么？”

亚历克斯思考了一会儿，回答说：“我觉得，主要是付出和索取要平衡，要有团队合作，要多在一起度过高品质的时光。”

“你不过在夏威夷待了一个星期，怎么突然之间就变成天才了。”维多利亚开玩笑地说，“我想你说得对。这三个因素都很关键，恰好证实了我要优先考虑人与人之间关系的观点。我们在人际关系上投入的时间越多，就越会心存感激。”

传统应对方法

“传统的应对方法没有试着去直面现实，对付专注陷阱。现实就是，我们生活的世界，信息过多，日程太满，我们每天将太多时间花在了无关紧要的事情上。传统的方法没有质疑，也没有过滤强加给我们的东西。

“相反，传统方法让我们尽力把一切都搞定。这种方法全盘接受，从不拒绝。根据这种方法，你都能搞定，你能拥有一切。根本就不需要权衡。空中不管扔了多少个球，我们都要接住，只需要提高自己的杂耍技巧。

“当然啦，”维多利亚继续说道，“目前的方法根本行不通。我们想答应所有人的所有要求，结果牺牲了自己的健康和人际关系，完全失去了焦点。

我们不能完成生活中最重要的事情，最终变成了琐事的管理员，而不是朝着目标前进的生活建筑师。

“我们试着用了一个又一个系统，本以为这些系统可以帮我们控制并管理扑面而来的信息和错综复杂的事情。因为当下所处的环境已经失控，各种系统都变成了临时的，说是可以解决所有问题，但却不能解决我们最在意的事情。”

顿悟式突破

“顿悟式突破与当下的传统方法有根本的不同。”维多利亚说道：“这种方法不会让我们来者不拒，而是让我们先把不重要的琐事过滤掉，这样才能花时间去实现真正的目标。我们必须主动做决定，对那些老是阴魂不散、棘手难缠的琐事说‘不’，必须接受一个事实：我们不可能把所有事都做完。

“必须学会从生活琐事中脱身，这需要我们极其自律，因为这些事往往会在短时间内分散我们的注意力，或者给我们一种成就感的错觉。我们要认真审视自己的习惯，确保没有不停地陷入这些分心的琐事中去……不能忽略这些事情——必须把这些事情找出来，并从中脱身。否则，不重要的事情会缠着我们，自动变成日常生活的一部分。”

“可以举一个例子吗？”亚历克斯问道。

“好的，最近，我发现我的邮箱里有很多公司发来的广告和优惠宣传。我说的不是垃圾邮件，我的邮箱可以过滤垃圾邮件，这些邮件是我经常去的酒店、买东西的商店、乘坐的航空公司发来的。

“现在看起来好像没什么大不了的，但当时，我每天收到的这种邮件多达15到20封。我觉得必须摆脱这些广告，所以点击了每封邮件的链接，一一退订。我得到了彻底的解放，亚历克斯。一周后，我再打开收件箱，发现再没有类似的邮件分散我的注意力了。把这堆乱七八糟的东西清理掉后，感觉太自由了，就像春季大扫除，或者清理车库一样。”维多利亚解释道。

“说得有道理。回家后，我也要把这些邮件处理掉。”亚历克斯回复道。

“计划归计划，但我敢保证，肯定有一千件事情会让你偏离这个目标。我想，你会发现——把每天的必做清单或每周的必做清单写下来很重要，把不必做的事情列出来也同样重要。”维多利亚说道。

“不必做的事情清单？”亚历克斯觉得很困惑。

“是的，就是不必做的事情清单——叫做非必要清单。找出来一天之内，哪些事让你做不成最重要的事情，哪些事在干扰你，哪些事在分散你的注意力。

“亚历克斯，我们一生都努力朝着目标前进，想获得我们认为最重要的东西。同时，努力让自己不要迷失方向、偏离轨道。从一开始，就要把分心的事情扼杀在萌芽中，免得它们生根。每周开始前，我们都要把日程表清空，然后有战略地把最重要的事情添加到日程表上，同时要自信地忽略那些会分散我们注意力的事情，这些都是不重要的琐事，我们必须解脱出来。当然，说起来容易做起来难。”

亚历克斯叹了口气，表示同意。

“拒绝和美国社会的文化传统相悖，也不符合别人对我们的期待。社会上有个不成文的规则，人们期待别人永远不拒绝自己。事实上，一开始，我们说‘好’的时候，会因此得到回报。但是，这样做的话，不可避免地要承担过多事情，承受过重的负担。所以，到最后，会让那些一开始因为我们说‘好’而赞扬我们的人大失所望。

“在生活和工作中，10%的事情重要，90%的事情不重要，如果我们能从这个角度来看待生活和工作，就会开始意识到，我们已经被琐事缠身到了何种地步！大部分占据我们头脑、消磨我们时光的事情实际上并不重要。意识到这一点之后，就会明白，其实我们可以做出选择，解放自己，获得自由。为了生活，不必逆来顺受。我喜欢史蒂芬·乔布斯说的那句：只有懂得拒绝，才能让你专注于真正重要的事情。”

亚历克斯查看了一下笔记本，确保自己把所有要点都记下来了。

第三个陷阱：专注陷阱

为什么？

1. 事情实在是太多了——我们没有把那些值得我们付出时间、精力和注意力的事情过滤出来。

2. 我们生活在电子世界里，时时刻刻与网络互联——但在电子世界，大多是些琐碎无聊的小事。

3. 我们缺乏耐心，想要随心所欲——事情立马就办，东西伸手即来，没希望更快就不错了。却没能意识到，或者说是忘了，生活中最美好的事情需要时间的沉淀，不可能瞬间实现。

传统应对方法

传统方法认为，只要我们学着尽力应付，就可以来者不拒，把所有事情都搞定。比如，不用减少抛到空中必须接住的球的数量，反而要求我们精进技术，应付空中所有的球（球可以比喻生活中所有的东西）。

顿悟式突破

只有意识到我们不可能做到所有事情后，才能实现顿悟式突破。我们必须把不重要的东西过滤掉，从琐事中脱身，学会多拒绝，这样，才能对我们最珍视的东西投入更多。

亚历克斯觉得这些概念开始在他脑子里扎根，但他知道，这是个过程，需要一定的时间，要不断练习才能掌握。

维多利亚打断了他的沉思，“亚历克斯，为了生活得更好，你愿意不断改变，真了不起。我也并不是什么都知道，只不过比你在这条路上走得稍远一点罢了。这些都是我从经验中学到的，希望你可以避开我曾经陷入过的那些陷阱。”维多利亚顿了顿，斟酌着她接下来要说的话。

“我知道，对你来说，这些东西大多很新鲜，很不一样。我并不要求你相信我说的每一句话。去验证一下，去尝试一下，自己试验一下，看看你的经历能不能验证我说的话。”

亚历克斯感激地点了点头。

“你们今晚要连夜坐飞机回家，祝你们一路顺利。咱们保持联系吧！我想知道你有没有进展，有没有把自己从我们讨论过的三个陷阱中解救出来。千万记住：如果你需要鼓励，可以随时给我打电话。如果我当时没有接电话，你知道的，我不是在练瑜伽，就是在海滩，要不就是在做你越来越爱喝的美味蔬果昔。”

亚历克斯扬了扬眉毛，但把讽刺的话咽了回去。

“别担心，我总会给你回电话的。”维多利亚笑着说道，“事实上，这个夏天，我要到洛杉矶去开会。或许等我去了，咱们见面聊聊你的进展？”

“维多利亚，我非常愿意和你保持联系。咱们在一起的时候，我很受启发，这个假期与我预想的完全不同。我要好好思考一下，也要做出一些重要决定。”亚历克斯说出了他内心的想法。

“慢慢来，别着急，亚历克斯，要知道，坚持改变需要时间。但是我会支持你，帮助你，不惜余力。”维多利亚打消他的顾虑。

“谢谢你，代我向罗伯问好。希望下次咱们见面的时候，我可以见到他。”亚历克斯说道。

“会的，代我向劳拉、迈克尔问好。等你下次见到金姆，代我向她问好。”维多利亚说道。

“再见，维多利亚。”

“祝你好运，亚历克斯。还没等你意识到，你就已经是个合格的陷阱学家了。”维多利亚微笑着说。亚历克斯沿着海滩往回走，维多利亚向他挥手致意。

中午时分，亚历克斯回到了酒店。因为要坐晚上10点的飞机，所以他已经向酒店申请了晚一点退房。他本想着回来的时候孩子们肯定会在房子里懒洋洋地躺着，结果房间里没有人。他猜他们肯定去了岩石码头那边的海滩上，那是他们最喜欢去的地方。迈克尔之前花了好几个小时抓火山岩角角落落里藏着的螃蟹，那些螃蟹虽然小小的，但是速度却快得惊人。有一次他们特别幸运，发现暗礁里藏着一只海龟。亚历克斯走到海滩上，果然，他们在那儿呢。

“嗨，伙计们！冲浪冲得怎么样啊？”亚历克斯大声问道。

“今天的海浪是这周最好的。”迈克尔回答道。

“爸爸，你看我！”劳拉喊道。她踩住了下一波海浪，很平稳地冲到了岸边，时机抓得无可挑剔。

“哇，你一直都踩在浪尖上！干得好！劳拉。”

“你在维多利亚那儿怎么样？”劳拉一边从沙滩上爬起来，一边问道。

“和前几次一样，特别赞！”亚历克斯笑着说。

“她告诉你第三个陷阱了吗？”劳拉问道。

“是的，她确实告诉我了，第三个陷阱是说我们都被一大堆琐碎的小事缠身。”

“那你有没有被一大堆……你刚才怎么说来着……缠身呢？”劳拉问道。

“你心知肚明，怎么还问呢？”亚历克斯一边说，一边和两个孩子朝大海深处走去。

“那我就当你承认了。”

“那是。”亚历克斯说道。

“哦！那你准备采取什么行动吗？”劳拉问道。

“要做很多事情。”亚历克斯一边说，一边转身面朝大海，“咱们吃晚饭的时候再详细说吧，现在让我这个老人家给你们两个看看究竟什么才是身体冲浪。”亚历克斯说道。突然，一个浪头从后面卷过来，把他打翻在沙滩上。他从水里爬出来，气得不行。

“你还好吗，老爸？别在我们面前逞英雄了。我们相信你说的话，我们还需要你照顾我们呢。”迈克尔笑着说道。

“我没事。”亚历克斯说着，他倒在沙滩上，晕头转向，找不到北，“大海可不会对我们客气。”

迈克尔和劳拉笑着走向大海，去冲下一波浪去了。亚历克斯想通了，他没什么可证明的。他低头躲过了迎面而来的一波一波海浪，直到觉得自己已经准备好，可以再冲浪为止。他觉得躺在温暖的沙滩上放松，听着海浪拍击的声音就挺好的。不禁想起刚来的时候，大海的声音抚慰了他疲惫的神经，从某种意义上来说，那感觉像是上辈子的事情了。自那天起，每天都听到深刻的见解，每天都深受启发。他不知道，一旦回到洛杉矶，开始为了生活拼命奔波，这几天会不会像一场梦？新的生活轨迹展现在他面前，他该如何应对呢？

那天晚上，在卖大虾的餐车那儿，迈克尔最先说话："嗨，同志们，你们有没有意识到，从周三开始，咱们吃饭，再加上其他花费，还没到400美元？我们已经实现了目标。熊爸爸背的债只增加了4500美元，而不是5000美元。"迈克尔很高兴，眼里闪闪发光。

"没想到我会说这些，不过，迈克尔，你干得真不错！"劳拉附和道。

"这是咱们共同努力的结果，等回家了，你们要帮我一起把纸蛇上面的那500美元撕掉。"迈克尔说道。

"没问题。"劳拉说。

亚历克斯的电话响了，提示有一封新邮件。他下意识地把手机拿出来，但是他没查看邮件，而是在设置里把所有通知都关掉了。今天是他和孩子们最后一晚上在天堂般的地方度假，其他事情都可以靠后。

重返现实

一回到家，迈克尔和劳拉就把行李箱拉开，小心翼翼地把纸蛇展开。他们两个一人拿一头，走到餐厅，自豪地把债务纸蛇贴在墙上，让所有人都能看到。

亚历克斯下定决心要兑现他在夏威夷许下的诺言，在那里，他学到了很多，感觉自己终于得以自由。但是，回来之后，却再一次觉得身不由己，他知道，这要比想象中困难得多，尤其是在钱的问题上。不过，他坚决要把家里欠的钱都还掉。迈克尔一直在打头阵，但没想到女儿竟然也这么配合——这他可没预料到。就算是为了两个孩子，他也必须要坚持下去。

几天后，亚历克斯坐在家里的书房里，陷入了沉思。他的大手大脚把自己拖进了一个大窟窿，得要付出多大的努力才能从里面爬出来呀！对接下来的几个月，他深感恐惧。他把胳膊肘撑在桌子上，把头埋在手里。

迈克尔轻轻敲了敲门，探进头来，说："嘿，爸爸，"看见爸爸抬起头，他说："你还好吗？"亚历克斯朝迈克尔微微一笑说："当然了，怎么啦？进来吧。"迈克尔也笑了，坐在桌子前面的椅子上，"嗯……就当我们两个都是商人，我想和你做个交易。"

“我听着呐。”亚历克斯觉得很好奇。

“嗯，我估计，信用卡上欠的钱，你大概要付20%到30%的利息，是吧？”

亚历克斯的笑容消失了，“是呢，怎么啦？”他的声音变得尖锐起来。看到迈克尔有点害怕，他温柔地说：“对不起，只是你刚才说的话让我想起了这件痛苦的事情。你有什么提议呢？”

“今天早上我吃早点的时候，忍不住一直盯着那条蛇看。”他承认道，“妈妈一直在帮我存钱，我割草坪……在eBay上卖东西……都赚了些钱……过生日的时候，我也收到了一些钱……”迈克尔想到哪儿说到哪儿。

“所以呢……”亚历克斯问道。

“不管怎样，”迈克尔说道，“我想我有办法帮你把蛇消灭掉。”亚历克斯双手合十，凑近身来，眼睛盯着迈克尔。

迈克尔一边说，一边低下了头，“我已经攒了18000美元，现在我每个月的利息只有2～3美元，所以，我把钱借给你怎么样？”

亚历克斯惊呆了，他是在做梦吗？14岁的儿子要借给他钱，让他还债。这肯定是金姆故意开的玩笑，“迈克尔，你是认真的吗？”他问道，迈克尔兴奋地点了点头，“你真是太慷慨了。这样我就能把信用卡三分之一的钱还掉了。”

他思考了一下说：“不过，你得让我给你付些利息，不然我不能借你的钱，你同意吗？”

“当然了。”迈克尔冷静地回答，拼命想掩饰住脸上绽开的笑容。

“在我认识的那么多人中，我不敢相信竟然和你谈这件事……但是我很开心能借你的钱。”亚历克斯对迈克尔咧开嘴笑了，迈克尔呼了一口气，也对爸爸笑了。

"我会起草一份协议，好吗？"迈克尔说道，然后他跑出了房间。

亚历克斯大声笑了，不敢相信事情会朝着这样的方向发展。30分钟后，迈克尔回来了，手里拿着份文件，上面的利率空着。亚历克斯通读了一下条款，写下了他认为比较公平的一个利率。本来信用卡要收他超过20%的利息，现在他每年只需要付8%就行了。迈克尔要他18个月内还清贷款，与此同时，迈克尔也很高兴能多赚些利息。

亚历克斯从书桌抽屉里摸出一支黑笔，递给迈克尔。迈克尔自信地签了名，然后把笔递回给爸爸。亚历克斯感觉很骄傲——他的儿子多聪明，多踏实呀！他总共有5张信用卡，有了迈克尔的18000美元，他就能还清其中的两张了——一张欠了10000美元，另一张欠了8000美元。

第二天，亚历克斯在银行帮迈克尔转了账，钱一到账户，他就给两家信用卡公司打电话，把欠款还清。现在是时候把信用卡剪掉了，这可是个重要环节。迈克尔和劳拉坚持要亲自动手，三个人把碎片捡起来，厌恶地扔进了厨房的垃圾桶，这样才算拿回了控制权。

亚历克斯觉得所有事都在好转，他感觉出奇的轻松、自由。然后，他想到了一件意想不到的事情——如果我把新车退了呢？肯定会有折旧，他可能拿不回首付款，但那样的话，他不用每个月付车贷，剩下的钱还可以还一部分债。

他摇了摇头，把这个想法压了下去。实在是太荒谬了，他永远不会放弃这辆车。他自言自语道："我就是要开好车，我就是那样的人。"另外，查斯会怎么想？亚历克斯需要这辆车，需要看起来很成功。没有这辆车，同事们会怎么看他？他每天得在停车场不同的区停车——不能让查斯看到，那样实在是太过了。他应该开那辆车，那是他应得的。他已经付出了一定的代价，这是给自己的奖赏。不需要自责，肯定有其他办法省钱。

金姆找了份新工作，在旧金山安顿下来。她计划每周末回家一趟，至少一个月回来两次。每次回来，她都待在父母家。

他们两个商量好，周五晚上金姆一到，就给亚历克斯发信息，亚历克斯把孩子们送过去，周日晚上再接回来。劳拉和迈克尔很想妈妈，他们很期待周末和妈妈一起待几天。

金姆第一次回来的时候，亚历克斯开着刚刚洗完、闪闪发光的黑色敞篷车去送孩子们。他把车停到岳父母家门口，直到车停好，金姆都没有抬眼看一眼。劳拉和迈克尔下车的时候，他向她挥了挥手，但她没有回应。她不想看到他骄傲地坐在那辆车里，只要和这辆车相关的事情，都让她觉得恶心。

孩子们跑向她，她拥抱了他们，“劳拉，迈克尔！快给我讲讲！快告诉我夏威夷发生了什么事！”他们转过身去，手挽手走进房子。

* * *

尽管还没有和金姆和好，但能回来工作，亚历克斯感觉好极了。他想过，熟悉的工作环境是否会让他又回到过去的老路上。但他下定决心，就算任务艰巨，也一定要摆脱那些陷阱，所以，他把疑惑抛到了脑后。

亚历克斯开始每天往单位带午餐，这样他不仅能改掉一些浪费时间的习惯，而且还能省钱，重建自信。但是，因为办公室就在查斯办公室旁边，所以要坚持很难。查斯有个坏习惯，他能把一些小问题变成大问题，简简单单问个问题的事，最后竟变成两个小时的会议。那天，他刚开始写一份客户提案，查斯的卷卷头就出现在视线中。

“干什么呢，伙计？新车开得怎么样啊？”

“很喜欢。”亚历克斯咧嘴笑了，“好处可真不少，比你的车快，就算赚了。”

“啊，那可不一定，还没有证明呢。嘿，我是想问你——想不想出去吃午餐？听说新开了一家寿司店，很火爆，好多人给我介绍呢，开车10分钟就到了。”查斯的脸上闪现出一丝笑容。

“啊，嗯，我真的很想去，但我今天已经带午餐了。我现在正在努力减少开支呢。”亚历克斯回答说。

“给我看看，我看看夫人在里面放了什么垃圾。”查斯一边笑着，一边悠闲地朝他的桌子旁走去。亚历克斯无奈地把午饭扔给他，查斯开始在里面乱翻，看看里面有什么。

“我看着像是剩饭剩菜嘛。来吧，咱们去吃点儿真正的东西去。就算你不吃她给你装的这破饭，你老婆肯定也不会介意的。”

“是我自己打包的，金姆已经和我分居好几个星期了。”亚历克斯垂头丧气地说。

“你开玩笑的吧！好了，伙计，别担心，天涯何处无芳草嘛！”

听到查斯这么麻木不仁，亚历克斯皱了皱眉头说：“我们已经结婚20年了，查斯，不是说放下就能放下的。”

“是呢，是呢，很了不起。你们俩真行。”查斯好像并没有听到亚历克斯说的话，“你觉得怎么样？咱们走吧。”

亚历克斯看了看棕色的午餐纸袋，看起来确实觉得挺可悲的，“好吧，不过我必须得在下午两点前回来。”他慎重地说道。

“不用担心，我们一会儿工夫就回来了。”查斯自信地说，“让我开你的车吧？我知道那家寿司店在哪儿。”查斯问道。

“要是弄坏了，你买了赔我。”

“好，都行——我会小心的。这6个月，我开车都没出过事。”他挤眉弄眼地说。

在寿司店，查斯点了最贵的三种寿司卷，花了将近60美元，而亚历克斯则吃了份加州卷和味噌汤。因为他改变了消费习惯，所以，他开始注意到查斯奢侈得太过分了。至少今天是查斯掏钱——他已经告诉服务员，一起结账了。

服务员拿来账单后，查斯一把就拿了过去。“伙计，我来付。”他开始在口袋里面翻，甚至还站起来，故意在外套里面翻来翻去。最后，他什么都没翻到。

“该死！我好像忘了拿钱包了。真不敢相信，我怎么又这样呀，你今天能先付一下吗？”

亚历克斯点了点头，拿出卡。以前他也见过查斯来这一套。

“谢谢你，老弟！下次我请客。”

亚历克斯翻了个白眼，叹了口气。查斯低头看手机，他总说“下次我来”——但好像从来没有真正掏过钱。算上小费，这顿午饭花了82.45美元。亚历克斯有些恼火，但什么也没有说。

亚历克斯往办公室开的时候，查斯用手机查了查新加的高尔夫俱乐部，“嘿，你看看，我发球的距离又增加了40码。”他吹嘘道，使劲把手机往亚历克斯的脸上凑。

“看起来，我永远也跟不上你的步伐了，查斯。”亚历克斯停下车，从车里下来，“我得赶紧去开会了！”

“2：05，我就说我们会按时回来的。”

亚历克斯一边往里面冲，一边气恼自己怎么又让查斯弄得迟到了。

尽管是出于好意，但对于亚历克斯来说，碰到别人求他办事，他总是很难拒绝。查斯，还有他老板，为了解决他们所谓的危机，经常占用他整个早上或者是一天里大部分时间。但当亚历克斯真正遇到紧急情况的时候，查斯或他上司根本就没有真心帮他。意识到这一点后，亚历克斯觉得很恼火，但到目前为止，他也没有勇气表明自己的立场。

在夏威夷，和维多利亚在一块儿的时候，亚历克斯觉得自己无所不能——摆脱债务，修复和金姆的关系，夺回工作上的控制权，但等回到家，却很难都付诸实施。有时，他甚至又回到了原来的老路上，就像那天，下班回家的路上，他顺便去了趟体育用品店，买了跑鞋、运动服和跑步夹克，花了近600美元。但当他打开后备箱，往外提袋子时，又觉得很内疚，后悔没有坚持计划。两天后，他决定把所有东西都退了，但又找不到收据。他给商店打电话，想看看能不能破例，但他们的退货政策很严格，没有收据不能退货。

又重拾旧习后，亚历克斯试着给自己的行为找借口。现实一点说，我一下子又怎能改变那么多呢？不和查斯一起打高尔夫球好难呀。他还是喜欢去高档的餐厅吃饭，还是更喜欢雇人收拾院子。在夏威夷的势头不但熄了火，而且好像还在迅速逆转。

回到家后，亚历克斯仔细看了看信用卡账单。自从回来后，他养成了这个新习惯。整体上来看，全家人花的钱少了，但还是有几笔开销让他看了之后想要尖叫，主要都是劳拉花的：在亚马逊上花了290.63美元，这还是最少的，她还在商场花了480.39美元。她难道忘了他们商量好的事情了吗？

他想起了劳拉小时候的一件事情。

“爸爸，爸爸，爸爸。”劳拉拉着亚历克斯的手说。

“怎么啦，小公主？”亚历克斯亲吻着女儿的满头金发，问道。

“看看这个！”劳拉把一本洋娃娃杂志铺开在亚历克斯面前的桌子上，指着说，“我想要这个。”

“好的，我们吃完晚饭再订吧。”他说。

“亚历克斯，”金姆厉声反对说，“这件事我们以前谈过，已经说好了，再不买娃娃了。”

“金姆，没关系的……”亚历克斯回答说。

“劳拉已经有14个娃娃了。她又不缺娃娃，我们真的再买不起娃娃啦。”金姆愤怒地说。

“可是我想要这个，”劳拉说，“妈妈，这个娃娃和我长得很像。”

金姆没有回答，她只是瞪着亚历克斯。可他还是说：“好吧，小公主，我们吃完饭再说吧。”

“我还想要这顶帽子，这套衣服，这个包包。”劳拉指着说，“那样的话，我们就比较搭配了，她看起来就和我一样了。”想到这一点，劳拉笑得很灿烂。

亚历克斯亲了亲她的脸颊，“好了，现在帮你妈妈摆桌子吧。”

“爸爸，爸爸，爸爸！”劳拉的声音把亚历克斯拉回到了现在，“你怎么啦？我叫了你7遍，可你一直坐在那里发呆。”

“哦，不好意思，怎么啦？”

“我想要车钥匙，还要点钱。我要和朋友们一起出去。”

“哪些朋友？”

“我现在赶时间呢，回头和你说吧。你的钱包呢？”劳拉打着响指，等她爸爸回答。

亚历克斯的脸一沉，“嘿，别在我面前打响指。钱包就在餐桌上。”

“好呢。”劳拉一边应着，一边拿出100美元，还拿了一张信用卡。

“但愿这张信用卡能刷，”劳拉把卡放到钱包里，嘟嘟囔囔地说，“谢谢你，爸爸！晚饭不用等我了，也不用等我回来。”她一边朝车库跑去，一边喊道。

“嘿，等等。”他打开车库那边的门，喊道，“12点前回来！”

“再看吧！”劳拉砰的一声关上门说。

“慢慢开，小心我的车！”亚历克斯喊道，但劳拉已经开走了！

他在那儿站了一会儿，觉得很沮丧，很无助。劳拉好像对债务蛇很感兴趣，也很支持呀，为什么现在和她说不通了呢？一旦影响到她的生活，她就完全失去了兴趣。亚历克斯开始严格限制花销后，劳拉就开始反抗了。她不会因为爸爸突然鼓动大家执行新计划就改变自己的生活。她还总是熬夜、翘课，花钱也没有节制。最让亚历克斯担心的是，她总说要去纽约上大学，但还没有买书学习，没有开始准备学业能力倾向测验（Scholastic Aptitude Test，是高中生升入大学必须通过的测验——译者注），也没有开始学习任何高级课程，好像只想和朋友们出去玩，好像她只有时间出去玩。

能怎么激励别人改变呢？亚历克斯摇了摇头，感觉很讽刺。结婚以来，老婆一直试图让亚历克斯改变，但几乎没有或者说很少成功过。现在亚历克斯试着改变女儿，结果徒劳无功。他想，维多利亚可能会提点建议。他决定给她打个电话。

第四个陷阱：改变陷阱

“哎呀呀呀，这不是我年轻的陷阱学家嘛！洛杉矶的亡命生活怎么样了？”听到维多利亚嬉皮笑脸的声音，亚历克斯忍不住笑了。

“哦，你知道的，还是一样，一样。你过得怎么样呢？还留着绿胡子吗？”

“知道还问！”维多利亚反驳道。

亚历克斯简要地向维多利亚讲了他们上次谈话之后发生的所有事情，或者说，至少把他做得不错的事情告诉了维多利亚，他最想知道维多利亚对劳拉这种情况该怎么办。

“如果有人不想做出改变，你怎么让他改变呢？”他问道。

“你不能让他改变，亚历克斯，很简单。”

“哎呀，谢谢，维多利亚，你说的没什么用啊。”

“嗯，我猜还不止你说的那些。再过几周，我就去洛杉矶开会了，你愿意去我住的酒店和我一起吃晚饭吗？我们可以让酒店送餐，坐在阳台上聊一聊。虽然没有夏威夷那么舒适，但又有什么关系呢？话说回来，哪儿能有夏威夷舒适呢？我请客，怎么样？”

“很好！”亚历克斯兴奋地回答。

“期待很快和你见面。我到了后给你发信息，可以挑你方便的时候来，我会在洛杉矶待3天。”

接下来的几个星期一眨眼的工夫就过去了，亚历克斯都没意识到时间过得这么快，他发现自己已经在维多利亚住的酒店房间了。能再次和她待在一起，感觉很好，亚历克斯很期待她这次会说什么。

“所以，亚历克斯，你想知道怎么能够让劳拉改变。但是，首先，你得明白：你会发现，在生活中，有两股力量能让一个人改变，一是良心发现，二是形势所迫。我们或者是因为知道需要改变，所以才行动，或者是因为现实逼得我们不得不采取行动。很不幸，人们大多不愿意改变自己的行为，所以，他们故意忽视自己的良心，一再拖延，拒绝改变，直到现实情况逼得他们低头，不得不应对危机。”

亚历克斯还记得，他刚到夏威夷的那天，站在34楼的阳台往下看，感觉多么低落呀。“听起来说的就是我的情况。当时我已经到了最低点了，也意识到，必须做出重大改变。绝望的时刻……”他感伤地说。

维多利亚目不转睛地凝视着他说：“你是因为形势所迫才改变，但现在你却要求劳拉因为良心发现，主动改变，不是不可能，只是更难付诸行动。她需要自己找到同样强大的动力，去做她内心认为正确的事情。你想做她肩上的小蟋蟀（Jiminy Cricket是迪士尼动画片《木偶奇遇记》中的一个角色——译者注），肯定行不通。”

亚历克斯点点头，若有所思地说：“或许应该让你和她谈谈。”“我觉得，你会发现，并不是只有她在面对这个挑战。”她朝亚历克斯眨着眼睛说道。他的心一沉，这话是什么意思呢？

亚历克斯还没来得及仔细思索她的话，维多利亚就打断他的思绪，说："我们都知道，吃饭比说话更重要，这是晚餐菜单。饿着肚子，你的思路不清晰，告诉我你想点什么。很不幸，菜单上没有我做的美味的蔬果昔。"

亚历克斯笑了，暗暗松了一口气，开始浏览菜单，"我要吃带薯条的小羊肋骨肉，再来瓶苏打水。"亚历克斯点了菜。

"我看你晚餐还是吃得不健康，像自杀。"维多利亚摇摇头，说道，她拿起电话，拨了房间服务号码。

"嗨，我要点两个人的晚餐。一份小羊肋骨肉，一份菠菜沙拉，一瓶苏打水，嗯，我再想想……你们的果汁是现榨的吗？嗯，好了，我们就要点水好了。好，就这些。谢谢。"

维多利亚转过身对亚历克斯说："好了，晚餐要30分钟才能到，我们有时间聊。"她说着，指了指阳台的门。他们朝阳台走去，看到了令人震撼的夜景，城市灯光闪烁，在遥远的北面，他们看到了圣盖博山，往西南方向瞭望，能隐隐约约看到太平洋。他们舒舒服服地坐在椅子里，芬芳的夜风轻轻拂过，享受着这片刻的宁静。

"来，咱们就直奔主题吧。"维多利亚建议说，"第四个陷阱叫做改变陷阱。当我们谈到改变的时候，需要谈谈是什么阻碍了我们改变：拖延症——是成长和转变的杀手。"

"嗯，听了这几个陷阱之后，这恐怕还是我头一次没觉得奇怪呢。"亚历克斯回答说。

"我之前说过，当代社会的各种因素让这些陷阱变得尤为危险。说到改变，拖延症是最常见的一个因素。如果某件事情让我们觉得不舒服，那我们就会推迟，人都有这样的倾向。要想长期改变一个行为，更是难上加难。

因为不想改变，我们想出各种各样的理由和借口。你还记得以前跟你提到过的那项研究吗？”

“你说的是人们宁愿死也不愿改变的那个研究吗？”亚历克斯问道。

“是的，就是那个。”维多利亚说道，“你能想象吗？有人真的宁愿死，也不愿意改变坏习惯。”

“听起来很极端，不过我认识那么几个人，他们让我相信确实如此。”亚历克斯回答道。

“在生活中，当我们需要改变时，却一再推迟，不想采取行动，或是逃避改变，不再成长，不再进步。我们被卡住了，这就是我把拖延症称为成长和转变杀手的原因。”维多利亚伸手拿来一本旧活页夹，在封面上潦草地写着“陷阱”这两个字，字很大，而且用的是大写印刷体。她把活页夹打开，翻到了“改变陷阱”那个标签，“这是我列的一个清单，有人们陷入这个陷阱的三个核心原因。”维多利亚把活页夹推到亚历克斯那儿，让他读里面的内容。

1. 改变很难。做出有意义的改变可能很痛苦，很不舒服。保持舒适、熟悉的方式，显然更容易。

2. 给自己找借口，拖延。人们总觉得，既然他们已经度过了人生的某个阶段，就可以等更方便、更有兴趣的时候再改变，这不过是自欺欺人。

3. 完美主义者。他们通常会信奉这样的魔咒：如果我做不到尽善尽美，那我干脆试也别试好了。

改变很难

“亚历克斯，我查阅过关于人们拒绝改变的相关研究。”她翻开了“陷阱”活页夹里的一个新标签。

“我们为什么拒绝改变呢？心理学家吉姆·泰勒将尝试改变描述为‘顶着多年的包袱、习惯、情绪和环境逆流而上’。根据泰勒的说法，持续改变主要有四大障碍。亚历克斯，你不用读细节，我总结给你听。首先是过去的包袱，比如说自卑、完美主义、害怕失败、愤怒，其次是我们思考、处理情绪以及行动时根深蒂固的习惯。第三，因为害怕失败，我们害怕采取行动，做出改变。第四，我们身处的环境、参加的活动，让我们有一种舒适感和安全感，让我们很难冲破樊篱。

“正如泰勒总结的——我在这里引用他的原话如下：拒绝改变是人们自我保护的本能。如果我们能成功地避免改变，就能成功地掌控我们背负的包袱，保护我们掌握的知识和生活方式。如果我们不用面对令人不快的失败，就不必经历痛苦，不必自省，不必沮丧，而这些正是我们提高自我所必经的。”

维多利亚读完这段话，扫了亚历克斯一眼，想看看他会作何反应。他若有所思地点点头。

“我觉得，我过去自我保护做得太好了——简直就是个拖延症大师。”亚历克斯苦笑着说，“听起来很伤人，但说得很对。我想，在合适的时间和地点知道事实，尽管很痛苦，却能让人得到自由。”

“亚历克斯，人们会尽其所能避免改变，这是人类的本性。或许你以前也听说过，21天才能养成一个习惯。要养成好习惯，通常需要我们积极主动采取行动，然而坏习惯一般不需要那么费劲。但改变坏习惯需要很长时间，原因就在于此。“她解释道。

“有道理。”亚历克斯表示同意。

找借口、拖延

“亚历克斯，如果你对第一个原因没有疑问的话，那咱们开始看第二点。就算人们知道自己必须改变，也会找各种各样的理由推迟改变，直到最后，形势逼得他们不得不改变。

“好了，所以咱们又回到刚才说的，或者被形势所迫，或者是良心发现。”她继续说道。

“是呢，刚才我们聊到劳拉的时候说的，对吧？”

“是的。要不是因为形势所迫，人们大多根本就不会改变。想想让你控制债务的时候，你有多抗拒吧。结婚以来，金姆一直努力，不想让你欠债，但你的反应是怎样的呢？”维多利亚问道。

“我总是听而不闻，因为我觉得没必要改变，以前总觉得我的做事方式要比她有水平。”亚历克斯说道。

“我们对最亲近的人的想法往往最不在意。”维多利亚轻柔地说道。

“你觉得是为什么呢？”他问道。

“因为我们墨守成规，变成了习惯的奴隶，并忽视了我们至亲至爱之人的感受和担忧。从根本上来说，我们把他们的看法当成是理所当然。你老婆劝了你20多年，最终是什么让你改变的呢？”维多利亚问道。

“有两件事情。首先，我的收入降了很多，其次，金姆去旧金山找了份工作，我真的很震惊。”亚历克斯坦白道。

“这是典型的形势所迫。收入减少，和金姆分居，逼得你不得不解决这个问题——这个陷阱。”

“你说得对。”亚历克斯承认说，“但是，我该怎么做呢？该怎么做才能避免更多的痛苦和苦恼呢？我必须做出哪些改变，才不会被打败呢？”

“你要在事情彻底失控之前，听从你内心的声音，摆正前进的方向，只有这样做，才能避免更多痛苦。亚历克斯，良知会教你辨别是非，你内心那个小小的声音可以让你避开危险和灾难。因为良知的声音很小，所以很容易就会被噪音和忙碌的生活淹没掉，如果不认真听的话，根本就听不到。我们需要主动采取措施，听从内心的声音，让它教育我们，指导我们。这些措施包括，要停下来祈祷、反思、冥想、倾听。”

“真有趣，这么简单的事情竟然会产生这么大的影响。”亚历克斯深思道。

“当我们和良知合拍时，我们就能随时纠正前进的方向，而不必等到实际情况所迫之时。这就是我说的良心的力量。”维多利亚解释道，“越听从自己的内心，越回应良知的声音，我们就越有教养，越有效率。

“你知道吗，亚历克斯，我每天都靠良知来把握生活的方向。良知从来没有误导过我。如果我偏离了轨道，那肯定是因为我忽略了内心的声音。不论是我没能主动采取咱们刚才提到的措施，还是仅仅因为我当时不想听，就选择忽视良知的声音——不管是哪种情况，我最终都做出了错误的决定，并因此承担了相应的后果，本来这些都是可以避免的。”

“很难相信你也做过很多错误的决定。”亚历克斯突然插话说。

“其实，正因为我一生中做过很多糟糕的决定，现在才能和你一起分享这些看法，每一个陷阱我都曾陷入过。正因为我亲身经历过这些陷阱所带来的痛苦和烦恼，所以才感觉到它们如此鲜活、切中要害。”她吐露道。

门铃响了，维多利亚的话被打断了——他们的晚餐送到了。

完美主义

维多利亚小口地吃着沙拉，亚历克斯大口吃着肉，谈话在继续。

事实上，维多利亚很热心，大部分时候都是她在讲话，“完美主义是人们拖延、避免改变的第三个原因。完美主义哲学会阻碍人们进步，但上百万人都信奉这种哲学。”她对亚历克斯说，“这种思想有害处，主要是因为完美主义和学习相互冲突，学习就像小孩子蹒跚学步。学步就得不停摔跤，再爬起来，学习就要不停尝试、试验。在生活中，我们就是这样成长的。但是完美主义不允许犯错，也不允许尝试，不允许有失误。

“因为有追求完美的习惯，我前半生承受了很多痛苦。”她低着头，承认道。“完美主义深深植根于我的灵魂中，我就是这么长大的。我父亲也是那样——他对自己非常严格，不能接受自己犯错，也不接受自己达不到标准。为此，我不愿尝试新事物，比如学习弹钢琴或新的语言。人们说，练习是最好的老师。完美主义者通常不允许自己练习，却期望自己一下子就很完美。

“咱们来客观地看看完美主义吧。如果我们在蹒跚学步的时候，不试着走路，或者只说那几个可以完美发音的词，事情会怎么样呢？听上去可能很傻，但我的意思是：完美主义不是天生的，是人们后天习得的特性，至少在容易受完美主义影响的某个年龄段之前是这样。如果我们天生就是完美主义者，那就永远不会参与任何体育运动，也不会学乐器，当然也永远不会学外语。只有确保会成功，我们才会接受某份工作，走上某个岗位。

“你看，期望不用经历很多次失败，就可以取得重大成就，享受成功的喜悦，根本就不现实。但是我们总能看到那么一些人，因为害怕在人前出丑，拒绝改变自己的行为或习惯，这种行为其实是自我惩罚。对于一个完美主义者来说，没有比在别人面前出丑更糟糕的事情了。”维多利亚说道。

“是呢，我经常看到你描述的情况。对我来说，这不算什么，但我觉得迈克尔深受完美主义之苦。”

“是吗？和我说说迈克尔在生活中有哪些完美主义者的表现。”

“你知道的，迈克尔更像金姆。“亚历克斯说。

“感谢上苍，幸好他像金姆。”维多利亚笑着说。他没理会她的调侃，继续说下去。

“迈克尔很谨慎，很保守，他不喜欢冒险。当他尝试新鲜事物，或是做不同的事情时，一定要把擅长这件事的人问个遍，征求他们的意见，这样他可以把风险最小化。这样做好像挺好——从别人那里学到最好的做法——但有时候，你必须得要行动，因为根本就没有时间等待反馈。碰到这种情况，迈克尔就会把自己封闭起来，退到自己的保护壳里。一想到失败后的样子，他就觉得很尴尬。”

“听起来迈克尔有完美主义者的一些典型特征。”

“你建议我该怎么帮助他呢？”亚历克斯问道。

“或许他可以尝试做些以前从来没做过的事情——在做这件事时，不可避免会失败。他有没有试过学门外语或者是学个乐器呢？”

“没有，他故意把这两样都避开了——可能正是因为你说的原因。”他反省道。

“那么，也许你可以鼓励他拓展些新领域，不过要给他一定的空间，让他自己去做决定。要冒险探索未知的领域，去尝试、去犯错，前路肯定看起来很吓人，不过学习新的技巧总是这样。”

“只要他不学小提琴就行——我觉得我真的受不了那嘎吱嘎吱的声音。”

传统应对方法

“关于人们陷入改变陷阱的原因，我觉得咱们已经谈得够多了。”维多利亚说道，“尤其是为什么拖延症会扼杀成长和转变。现在咱们看看传统应对方法和顿悟式突破的区别，这样你再不用拖延，立马就可以使用更有效的方法。

“从我自己的经验来看，只有当痛苦超出了一定的忍耐限度，或者是跌入低谷时，人们才会改变，这可不是解决问题或者摆脱坏毛病的最好办法。这意味着，我们不是因为良心发现而改变，而是因为形势所迫而改变。在这种情况下，就算人们最终做出改变，他们也必然要经历、忍受很多痛苦。然后，一旦痛苦减轻到一定的程度，他们就很有可能回到老路上去——仅仅靠意志力，改变坚持不了多久。这种解决方法不长久，不可持续。”

顿悟式突破

“亚历克斯，顿悟式突破的方法则完全不同。按照这种方法，因为受到良知的启发，我们开始做出改变。我们的动力来自于良知的力量，而不是受形势所迫。

“良知就像是体内的GPS，能够帮助我们知道自己目前处在什么位置，朝着什么目标前进，还能知道哪条路最好。甚至在前面出现障碍物时，良知还能警告我们，告诉我们该如何避开。主动选择现在就改变，可以避免一些事情带来的负面影响，比如错失机会或是坏习惯失控。

“这样来思考这个问题：你要等心脏病发，需要搭三个支架时才注意你的胆固醇呢，还是健康饮食、多加锻炼，避免这种情况发生呢？在这个例子中，答案好像很明显，但又有多少人在万不得已之前就开始改变了呢？

“相信自己的良知要有坚定的信念，因为你是在还没有百分百确定需要改变的情况下就进行改变。在生活中，我们有两个选择：或者采取行动，改变事情，或者让事情改变我们。如果明知道必须要做出改变，却一再推迟，实际上就是在说：生活，随心所欲地虐我吧！相反，如果我们听从良知，主动行动，做出应做的改变，实际上是在说：生活由我掌控！所以，是主动行动，还是逆来顺受？选择权在我们自己手里。”

亚历克斯和维多利亚默默地坐了一会儿，思考着其中的含义，亚历克斯低头看着他的笔记。

第四个陷阱：改变陷阱

为什么？

1. 改变很难，过程很痛苦，让人很不舒服。

2. 我们会忍不住尽可能拖延、推迟改变。

3. 作为完美主义者，我们信奉这样的生活准则：“如果做不到尽善尽美，我还不如不试。”

传统应对方法

1. 只有在形势所迫时才改变。

2. 不到绝境不改变。

3. 仅仅靠意志力来持续改变。

顿悟式突破

在良知的指引下勇敢地改变，而不要等形势所迫时才不得不行动。

“维多利亚，你说的好像又是为我量身定做的一样，我又有事要干了。”亚历克斯说道，“我可能不是个完美主义者，但我确实会尽量推迟让我觉得不舒服的改变。现在，经过你介绍，我认识了良知，良知认识了我，不知道我的良知对我有何指示。但我知道，如果想把我乱七八糟的生活理出头绪，以后的日子里，我们必须相互熟悉起来。”他一边摇头，一边说道，“顺便问一下，还有几个陷阱呢？”

“咱们别那么着急，亚历克斯，每次讲一个陷阱就刚刚好。”

他们决定，两天后，在维多利亚返回夏威夷之前，再见一次面。在离开前，亚历克斯感谢她请吃这么美味的晚餐。

* * *

开车回家的路上，亚历克斯感觉有点气馁，但也觉得决心满满。抚摸着敞篷车柔软的皮质方向盘，像是抚摸一只小猫一样。他意识到，是时候停止拖延，开始积极改变了。他知道需要做什么，那就是，把这部奢华的跑车退了。就是因为买了这辆车，才引起了连锁反应，最终导致金姆突然离开。尽管他喜欢开这辆车，但再不能找借口留着这辆车了。坚决要还清债务，没有车贷能让他朝着这个目标大大迈进一步。

他决定，周六不用工作，那天就把车退回去。他害怕面对把车推销给他的销售员和销售经理，该怎么说呢？如何解释呢？不想想这个问题。他必须要采取行动了。

星期六早上了，亚历克斯最后一次开着心爱的车去车行。6个月前，把他当皇帝一样捧着的那个人，现在几乎对他视而不见。他们显然很失望，想让亚历克斯改变想法，但是他已经下定决心。

在回购价格上来来回回争执了两个小时之后，他们走完了程序，这辆车正式不属于他了。尽管只开了6个月，价值竟损失了15%。亚历克斯觉得很放松，同时又感觉有点受伤。离开车行的时候，他拿到的现金足够还清车贷，但首付款却拿不回来了。

第二天，亚历克斯找了找二手车广告，想买辆合适的车。他花了很长时间，最终定了下来，付了现金。现在他有了辆米黄色的紧凑型轿车，感觉很得意，车倒是完好，就是油漆剥落了，门把手上锈迹斑斑，引擎呼哧呼哧地响。加速的时候，再也不像过去一样，能听到引擎强劲的轰鸣声。现在，车发出的是嘶嘶声。他把收音机的声音调高，把这可悲的噪音压下去。

他真的用自己奢华的跑车换了这么一辆可怜的旧车吗？亚历克斯感觉深受打击，特别受伤。但毫无疑问，他也觉得很轻松。很长时间以来，第一次觉得自己的良心得到了解脱。不知为何，他觉得自己的牺牲是值得的。

查斯会怎么想呢？奇怪的是，亚历克斯发现自己根本不在乎查斯的想法。孩子们会怎么想呢？事实上，他们可能会觉得这很了不起。一直以来他都知道自己该做什么，现在终于付诸行动了，为此他感到很骄傲。金姆会怎么想？思绪飘忽起来，因为他意识到，自己好想念她的陪伴啊。

亚历克斯把破旧的老爷车开进了车道，劳拉正从窗子那儿迷惑地看着他。

“嗯……你的跑车呢？送去修了吗？”劳拉问道。

“哦，没有，其实我昨天把车退给车行了。”亚历克斯说着，脸上露出了大大的微笑，他能感觉到劳拉很尴尬。

“可我已经告诉朋友们，今天晚上可以开你的车出去。现在我该怎么办呢？”

“如果你愿意，你也可以开我的新车。”亚历克斯说着，把车钥匙在她面前叮铃叮铃地晃着。

“别开玩笑了，爸爸，你要我呢吧！你为什么非要那么做呢？你把事情都毁了。”劳拉哭着说。

“很抱歉，劳拉，我不知道你准备和朋友们开我的车出去。”他回答道。

“我怎么知道你突然要把车给卖了呢！”劳拉问道。

“你肯定不知道，不过我有这个想法有一段时间了。”亚历克斯承认道。

“是因为我们破产了吗？”劳拉愤愤地追问道。

“是呢，有那个原因。还有，我买这辆车弄得你妈妈特别不高兴。我的良心一直指引着我这么做，目前这是正确的选择。”亚历克斯解释道，“此外，我真的想给你攒点上大学的钱。”

“真的吗？”劳拉被打了个措手不及，“我还以为你根本不在乎呢。”

“我当然在乎了，非常在乎。我宁愿给你攒点钱，也不愿意给辆豪车买单，尽管我真的很享受开那辆豪车的感觉。”亚历克斯对她说。

“我还以为，现在咱们家这么多事，我上大学的计划早被抛到脑后了呢。”劳拉说。

“你说得不对，我们只是没找时间谈这件事而已。”亚历克斯说，“你现在想抽几分钟时间谈谈吗？”

“当然了，只要你没忙着开着那辆车到处转就行。”劳拉取笑他道。

最终，亚历克斯和劳拉谈了一个小时，讨论她的计划和梦想。她真的很纠结，不知道自己应该高中毕业后直接去上大学，还是花上一年时间探索、工作、旅行，而不是轻率地做出这么重大的决定。这两种选择，她都能看到一定的好处，但是不确定自己该怎么选。亚历克斯听了她的想法，尽自己所能给她出主意。

最后，劳拉决定，在上大学之前休学一年，但在高中毕业前，趁着还在学习状态，她会做好准备，参加SAT考试。亚历克斯对劳拉的决定大加赞赏，并表示支持她的决定。

劳拉也很害怕自己的能力不够，在大学成功不了。她承认说，她很难改变自己不遵守纪律的坏习惯（翘课、逃避学习），但是她发现父亲最近的改变很鼓舞人心。如果他能够鼓起勇气把跑车换成经济型小车，或许她也可以做出改变。

前门砰的一声关上了，迈克尔练完足球回来了，他把运动包扔到角落里，说：“嗨，爸爸，咱们家车道上停的那辆米黄色的车是怎么回事？你的那辆车哪儿去啦？”

“你肯定不会相信我做了什么。”亚历克斯笑着说。

那天晚上，亚历克斯无意中听到迈克尔给他妈妈打电话。他猜迈克尔正告诉金姆爸爸最新的改变，不知道她是否会改变想法。或许，不管怎么样，都有助于他们和好吧，他必须抱有希望。

在办公室，亚历克斯依然劲头十足。他决定要改变很多事情的做法，摆脱专注陷阱。首先，他的日程不能像以前那么随意。以前，所有人可以随时约他。但从现在起，如果他们想要预约，必须通过他的助理，而且要求必须清楚、明确，再不能是那种开放式的会议了。他还限制了查斯和其他人随心所欲的拜访。他们来的时候，一开始往往挺正经的，然后就变成了几个小时的戏谑，毫无生产力。

第二个改变是在日程中空出一定的时间，用于计划、思考。这可是全新的做法！他一直以来都不肯计划、思考，现在不能逃避了。令人诧异的是，因为开始掌控自己的时间，所以竟空出来很多时间。

亚历克斯计划做出的第三个改变是：拒绝参加不必要的会议。过去6个月以来，每周他要工作50个小时，只有10个小时没有安排，每周各种会议竟占了40个小时！这些会议中，一半是他这个级别的人开的会，另一半是手下的汇报会。他下一年的目标是把这些会议减半，每周减少到20个小时，再下一年，每周减少到10个小时。亚历克斯知道，要做出这样的改变很难，而且还得征得老板的同意，但为了提高生产力，他下定决心要改变。

开始调整工作安排后，有两件事让他觉得很震惊。一是一直以来，他竟然被那么多无聊的小事缠身。二是他想改变，其他人竟然这么抵触！

正仔细考虑该怎么向老板汇报这个计划呢，突然收到金姆的一条短信。他急着看信息，差点把手机掉到地上。短信里发来的是他新买的旧车的照片，也许是迈克尔发给她的。在照片下面，金姆只发了个问号。自从4月份离开，金姆这还是头一次主动和他谈除孩子们以外的事情呢。亚历克斯特别想赶紧好好解释一下，但又觉得发短信不适合谈这么重要的话题，所以他只回复了一个感叹号。过了一会儿，她发回来一个笑脸。

亚历克斯靠在椅背上，深深地呼了一口气。是呀，从她离开起，金姆就在他们之间竖起了一道不可逾越的墙，今天的短信绝对是个进步。想起5月那个周末，金姆开车来和孩子们过周末，但拒绝见他，想起来依然很难受。他们只通过孩子们交流，主要是通过迈克尔。他希望金姆今天做出的姿态能够打开进一步沟通的大门，并能开始弥合他们过去产生的裂痕……谁知道这得多长时间呢?

亚历克斯的思绪又回到了工作上。他发现，直接向他汇报的下属听了他减少会议数量的计划后，一点都不失望——实际上，他们好像都很高兴，感谢他为此付出的努力。他在一个牌子上抄下了帕金森定律："你给一件工作分配多长时间，就得用多长时间做完。"然后把牌子粘在桌子上。他开始理解这句话的真理所在了。和一个会议组织者协商了一下，亚历克斯把参会次数从每周一次减少到每月两次。那人不太高兴，不过还是同意把与他相关的事务都安排到他参加的会议上。

不让其他人任意改变他的日程，这个变化引起了最大阻力。助理一个星期内收到的会面请求依然超过了20小时，不过他只同意一个星期花5个小时，减少了75%。在这些请求中，有一半似乎应该由其他人处理。亚历克斯善于完成任务、分配任务，所以别人想让他把他们的项目也做完。没有亚历克斯的帮助，就必须找其他人替他们解决问题，或者他们就得自己解决问题，很多人因此觉得很痛苦。

有意思的是，对于亚历克斯日程的变化，反对声最高的就是查斯。亚历克斯计算了一下，查斯和他的团队平均每周会占用他10个小时的时间。因为查斯的团队并不直接向亚历克斯汇报，所以他把这些时间投入都砍掉了。没过多久，查斯就跑来和亚历克斯对质。

查斯怒气冲冲地走进他的办公室，"怎么啦？"亚历克斯无辜地问道。

“我们需要谈谈。”查斯气势汹汹地说。

亚历克斯早早就来了单位，把车停在了办公楼后面，这样查斯就不会知道他把车卖了，他还没准备告诉查斯。从以往凄惨的经历来看，和查斯一起出去吃饭，意味着他肯定得请客。

“我不知道，今天时间不太合适，没法和你谈。对不起，查斯。”

查斯脸上露出受伤的表情，“伙计，你怎么啦？我和我的团队都约不到你的时间？你过去一直支持我，我以为我可以依靠你。”

亚历克斯开始意识到，一直以来，他们的关系一直都是一边倒。亚历克斯坚决地说：“我已经取消了与你和你直接领导的团队的会议安排。”

“但是为什么呢？咱们在一起的时候，创造了很多奇迹呀！”

“这些会上解决的都是你领导的团队的问题，我只是不想让你错失机会，我想让你指导自己的手下，彰显自己的影响力。”

“可是，亚历克斯，你的想法总是很新颖。我们需要你，我需要你，现在大家都来找我问事情。”查斯哀叹道。

“查斯，你正适合做这个工作，其实这正是你的职责呀。”亚历克斯微笑着鼓励他。

“伙计，我还以为你是我的朋友呢。”查斯一边往门口退，一边不敢相信地摇着头，咕哝道。

如果查斯敢于面对现实的话，他根本就不应该怪亚历克斯做出这样的改变。最让查斯郁闷的就是，他现在要真正承担起自己的责任了。过去他最喜欢找亚历克斯帮他解决问题，现在不能那么做了。从现在起，他必须承担起自己的责任，再也没法搭顺风车了。在回办公室的路上，查斯踢翻了一个废纸篓，废纸篓沿着过道滚了下去。

查斯从眼前消失后，亚历克斯暗暗笑了，他觉得自己取得了胜利。他把自己从别人的事情中解放了出来，而以前，他毫无怨言地替别人承担责任。当然，如果朋友有了困难，他随时愿意提供帮助，但不会再像过去那样，被傻傻地占便宜了。除了查斯，还有人不高兴。不过，亚历克斯自己从来没有这么开心过。

以前，亚历克斯帮助同事们解决问题，觉得是为了帮老板。不过，现在，亚历克斯意识到，他工作以来，同事们老依赖他。造成这样的局面，他自己也有错。

事实证明，亚历克斯努力腾出更多时间来计划，非常有好处。他开始着手改进业务，而不仅仅是完成工作。他发现了新的提高收入的方法，还注意到，团队不断地犯同样的错误，浪费时间，影响收入。他抛弃了那些成功概率比较小，但历来是公司传统做法的销售方法。相反，他发现，可以以开放的心态接受新的想法和思维方式了。

他想起，当夏威夷的巨浪把他掀倒时，觉得自然的力量好强大，面对大海，他一点办法都没有，感觉自己快要被淹死了。同样地，他终于从不断处理危机的模式中摆脱出来。以前，他总是麻烦不断，拼了命也不过是保证自己不被淹死而已，然而，现在他感觉很轻松。觉得自己可以掌控工作，目标也很明确，工作有好有坏，他终于游刃有余了。以前，恐慌感一直是他生活的一部分，现在恐慌终于被新的目标感所代替。

亚历克斯也觉得自己好像是个客观的观察者，可以超乎公司业务之外，仔细观察，慢慢积累，为他将要实施的下一个战略做准备。在此之前，他一直在执行别人的战略，现在他感觉自己充满了力量，不但可以和老板保持一致，而且有能力在公司业务上打上自己独特的烙印。过去，亚历克斯表现出很强的管理能力，但是缺少有远见的领导力。现在，他表现出了两种特性。

当然，有几件事还需要亚历克斯继续努力，其中就包括，他还没有学会如何拒绝又不会感到很内疚。看到新方法取得的成绩，他感觉很激动。不过有时候，他又拾起了老习惯，想要取悦别人。他意识到，想取悦他人的欲望本身就是一种陷阱。当然，当时就能得到人们的感激与赞扬，而且讨好了老板或提出请求的人后，感觉很满足，这些都是短期回报。不过，揽太多事情，战线拉得太长，最终肯定要付出代价，因为他不能把答应的所有事情都做完。学会按照新的方式生活，中间肯定会摇摆，但是他觉得自己信心十足，因为他正朝着正确的方向前进。

亚历克斯知道，他能跑多快，能跑多远，要受身体条件所限。他不可能什么都做到——那又有什么关系呢！多么沉痛的领悟啊！不过认识到这一点，也得到了解放。他开始审视事情的轻重缓急——想弄清楚对自己来说，什么才是最重要的事情。过去耗费了他大量时间和精力的很多事情现在看起来好像并没有那么重要。周六和朋友们打两轮高尔夫球确实很有意思，也很放松，但就得花上一整天时间。他有没有给妻子和孩子们分配同样多的时间呢？如果那样做了，他猜想，金姆现在应该还在他身边，而不是和他那么疏远，两个人也不会分居。

同样，因为要出去打高尔夫球，他错过了迈克尔的很多球赛。他发誓，以后再也不错过迈克尔的球赛了。此外，亚历克斯现在意识到朋友们一直在占他便宜。当亚历克斯说，他们不应该在他的乡间俱乐部打球（最终都是他给所有人买单），应该再找个地方打球的时候，突然之间，好像打高尔夫球对他们来说没那么要紧了。没有一个人站出来，主动提出请客，也没人主动买单，一次也没有。别的不说，至少上面的事情让他眼界大开。

当亚历克斯仔细审视自己的生活时，意识到他实在是太沉迷于电视上播放的球赛了。每周大约要花20个小时看球赛：周日晚上的足球赛，周一晚上的足球赛，周四和周五晚上的大学生足球赛，周六的足球赛（如果他没有忙着打高尔夫球的话），当然了还有周日的足球赛。看完足球赛，又该看篮球赛，然后还有曲棍球赛和棒球赛。这些比赛确实赏心悦目，但是一年到头每周都看那么多电视真的有必要吗？真的那么重要吗？

因为亚历克斯不停地反思自己，所以他很奇怪，怎么这么久之后自己才开始改变生活方式呢？金姆从家里搬出去对他是个巨大的打击，但是问题这么明显，为什么他拖延了那么久才开始面对呢？为什么一个老朋友的话能让他明白过来？老婆一直以来说的都是同样的事情啊！他叹息道，估计时机很重要吧。真相一直摆在面前，只是他一直没有做好直面真相的准备，不过，至少现在他在朝着正确的方向前进。

第五个陷阱：学习陷阱

两天时间很快就过去了，亚历克斯又来到维多利亚酒店房间的阳台上，仔细研读客房服务的晚餐菜单。他决定点份恺撒沙拉。今天的讨论可能会很沉重，清淡的饭菜或许可以平衡一下。他知道，维多利亚会告诉他还掉进了什么陷阱，他觉得很期待。

“亚历克斯，在我们讨论的所有陷阱中，今天要讨论的这个最让我兴奋。”维多利亚说。

“呃，哦，我都有点紧张了。”

“嘘，我的小徒弟。”她回答说，“第五个陷阱是学习陷阱，其中心思想是：错误——为什么我们都错了。”

“好吧，你吸引了我的注意力，我很好奇。“亚历克斯把笔帽拿掉，开始记笔记。

“从我的观察和亲身经历来看，我们之所以陷入学习陷阱，有几个原因。”维多利亚深吸一口气说，“首先，隐藏错误要比为错误负责容易得多。我们把错误看成是性格缺陷或不足，而不是将其视为学习过程的一部分。一旦别人看到我们犯错，我们想给别人展示的形象就不完整、有污点了，所以会尽己所能保证自我形象的纯洁。我们不应该忘记，错误是人生旅程不可或缺的组成部分。”

隐瞒错误或粉饰错误

“我们犯错后，本能的反应是隐瞒错误，咱们再深入研究一下这一点。”维多利亚继续说道。

“请说吧。”亚历克斯说。

“如果我能够隐瞒错误，让别人发现不了，我就成功地维护了自己的形象。这个方法的问题在于，如果我隐瞒了错误，那就不能从中吸取教训。此外，隐瞒错误需要费很大的力气，最好把这些工夫花在深刻反思和提高洞察力上，只有这样，才能修正航向，不断成长。

“我现在对政治不太感兴趣。不过，20世纪70年代中期，理查德·尼克松总统辞职事件，给人们上了极其宝贵的一课，就与这个陷阱有关。那时，你和鲍勃还在蹒跚学步呢。”每次提到鲍勃，维多利亚都会停下来，笑一笑。

“尼克松总统不得不辞职，并不是因为水门窃听事件曝光，而是因为他试图掩盖水门事件，是不是很有趣呢？他没有承认自己的错误，而是拖着整个国家承受了整整两年的痛苦，直到人们拿出证据，证实他一直在隐藏真相。如果事情一被捅开，他就承认的话，可能人们已经原谅他了。但他狂妄自大，故意隐瞒，所以人们不可能原谅他。”她解释道。

“了解了尼克松认为他作为总统可以如何选择，对我们也很有启发。1977年，戴维·弗罗斯特采访尼克松时，他问尼克松，作为总统，是不是就可以做违法的事情。尼克松回答说：如果是总统做的事，就意味着这件事不违法。尼克松总统竟然认为自己可以凌驾于法律之上！他认为，因为他是总统，所以非法窃听没有错，试图掩盖也没有错。

“不过，有时候，我们并不会隐瞒错误——我们只会粉饰错误。”维多利亚指出，“粉饰其实就是篡改、找借口、辩解——尼克松总统就是这么做的。

“犯了错，我们本该责备自己，但通过粉饰错误，可以把责任转嫁到别人身上，自己就不用承担责任。可以看到好些粉饰大师们，巧舌如簧、油嘴滑舌，用花言巧语来粉饰自己的错误，在政界、司法界、商界、学术界、宗教界，社会各行各业都是如此。

“如果能成功地把自己的错误转嫁到别人身上，就等于没有犯错。另一种选择，是把错误看作是只发生一次的偶然事件，或者看作是不会再次发生的异常事件。用这种方法，我们为自己在其中所起的作用找借口、做辩护，或者是弱化自己的作用，这样就给自己披上更加有利的外衣。”

将错误看作性格缺陷

“我们掉入学习陷阱的第二个原因是：将错误看作是性格缺陷。如果不断犯同样的错误，就很难用不同的眼光来看待我们自己。我们会觉得，错误，尤其是重复犯的错误，定义了我们，这些错误好像决定了我们是什么样的人——不完美、有污点的人。当然，用这样的方法来定义自己并不准确，过去所做的各种选择并不是我们的全部——未来充满无限可能，我们的能力无限。过去，甚至是不久前，都已经成为历史。”

亚历克斯满怀希望地对维多利亚点点头，知道自己可以创造新的现实，他深受鼓舞。

“不要对自己太苛刻，好吗？你在进行一次极具挑战性的转型。现代社会逼得我们不得不相信，我们所犯的错误造就了我们，所以转型尤为困难。大多数时间我们批评自己批评得最狠。”维多利亚安慰他说。

我们都爱保护自己的形象

维多利亚清了清嗓子说：“对待错误的方法之所以让我们落入学习陷阱，第三个原因是，我们试图在外人面前保护自己的形象——家人、朋友、同事、邻居等等，人们通常将其称作公共形象。

“维护正面形象好像已经成为我们的本能。我想，这就是为什么粉饰错误、把错误推到别人身上是种本能反应，而且如此普遍。如果我们公开暴露自己的痛苦或者错误（这一点更糟糕），会害怕别人不尊重我们。”

维多利亚的话让亚历克斯回想起过去这些年来他的工作环境。那时，他还是个销售经理，如果哪天过得不好，他总会偷偷溜出办公室，不和任何人交流，也不向任何人解释，即使回家后，也不想向金姆吐露心声。每天顶着压力，在人前撑面子是个负担，但他不得不循规蹈矩呀。毕竟，他是个销售经理，团队还指望着他呢，他没法找任何借口。

维多利亚继续说道：“迫于社会压力，我们不得不塑造正面——经常是非现实的——个人形象。如果我们达不到理想的标准，就会对自己丧失信心。

“我们现在比以往任何时候都需要树立一些模范，他们身上可以表现出我们所缺乏的品质，把这些人供上神坛，敬为我们崇拜的典范。然而，可叹的是，即便是这些模范人物，也不免从神坛上掉下来。

“承认自己犯了错，并对此负责，有一定的风险，那样我们就变成普通人了。我们都喜欢认为自己不是普通人，出类拔萃、独一无二。如果不得不承认自己根本就不特别，那么我们会觉得自己很平凡、很普通，没有人会喜欢那种感觉。我们愿意不惜任何代价让自己感觉不普通，让自己看起来不普通。如果你和我是同一类人的话，你肯定能理解我说的意思……”看着城市闪烁的灯光，维多利亚的声音越来越低。

传统应对方法

“当我们犯了错，想要展示我们一直想维持的形象时，传统的做法是：尝试其他事情，或者做些我们有把握的事情。‘每个人都有天赋，可以取得伟大的成就——你的天赋是什么呢？’你明白我的意思吗？”维多利亚问道。

“特别理解。”亚历克斯回答说，“我记得上初中的时候，鲍勃特别擅长玩滑板，他好像什么动作都能做出来——而且几乎是一学就会。”维多利亚笑着表示同意，“一开始，我也努力学滑板，但我不像他，学起来相当不容易，所以我就表现得我根本不在乎。鲍勃就是学得特别快！所以，我决定去打篮球，我不知道他有没有意识到。”亚历克斯说着，沉浸在回忆中。

维多利亚耸了耸肩膀说：“越过难的，直接做最容易的，这样解决问题违背了自然的发展和成长过程。我们总以为，有天赋的人们或者是我们称之为天才的人们不用经历这个过程。其实不然，每个人都必须经历这个过程。你熟悉马尔科姆·格拉德威尔提出的一万个小时法则吗？”

亚历克斯回复道："是不是说只要人们在某件事上投入一万个小时，那他们就能把这件事做好，这个法则对任何事都适用。是吗？"

"就是这个，在格拉德威尔的《异类》一书中，我最喜欢两个例子，一个是沃尔夫冈·阿玛多伊斯·莫扎特，一个是甲壳虫乐队。人们大多有种错觉，以为这些音乐家很有天赋，不需要努力练习就展现出如此惊人的才华。但仔细研究之后，我们会看到不同的故事。尽管莫扎特6岁就能谱曲，但他最伟大的协奏曲却是在年老时才谱写的。他只不过是比大部分人更早地投入了一万个小时，到他21岁的时候就练够了。不管怎么说，他还是投入了一万个小时的时间。

"关于甲壳虫乐队……"

"我喜欢甲壳虫乐队。"亚历克斯咧嘴一笑说。

"谁不喜欢他们呢？我和罗伯还记得，1964年2月，甲壳虫乐队在埃德沙利文秀上演出，在美国音乐界大放光彩，人们都以为他们是音乐天才。但是，和莫扎特的情况类似，甲壳虫乐队在现场演出了大约1200场之后，才取得了如此重大的突破，而大部分乐队整个职业生涯都表演不了这么多次。甲壳虫乐队投入了大量的时间练习才取得了如此大的成功，根本就不仅仅是因为与生俱来的天赋。"

"等等，"亚历克斯打断她的话说，"你是说莫扎特和甲壳虫乐队之所以成功，只是因为他们很努力？他们也很有天赋呀。"

"我不是那个意思，我待会儿还会再提到这个话题，好吗？"维多利亚说道。

"好吧。"亚历克斯耸耸肩说。

顿悟式突破

“亚历克斯，对付学习陷阱的顿悟式突破要求我们评估过程，而不是结果。实现目标所付出的努力和最终取得的结果同样重要。当今社会太过于关注最终结果，而忽视或轻视了取得成绩需要付出的努力。

“让我们回想一下小孩们学走路的情景吧！如果父母只在孩子一下子就学会走路的时候，才表扬、奖励他们，你能想象会怎么样呢？然而，我们正是那么对待大部分人的，只有对结果满意的时候，才会赞赏别人。我们很少会因为别人付出了努力，取得了进步，或有所改进而祝贺他们。

“在运动员身上也是如此。运动员们赢得比赛后，人们会赞赏并认可他们，但运动员在训练时所付出的努力却很少得到认可和赞赏，只有赢得比赛，人们才会认可，才会赞赏。因为只有‘赢得比赛’这个结果，才是正确的、积极的。然而，不努力，根本就不可能不断进步和成功。只有勤奋，不断努力，才能创造成功。在努力的过程中，犯的错误可不少。”维多利亚详细解释说。

亚历克斯有点恼火地说：“我想我没有听明白，庆祝胜利到底有什么问题呢？如果运动员没有打赢比赛，没有人会因为他们一直在训练就表扬他们，人们可以接受这样的做法，真正重要的是在赛场上的表现，我觉得我不同意你刚才说的。以我的经验来说，我发现，赞赏结果会激发人们取得好成绩。例如，如果我的团队成员没有完成销售目标，我肯定不会拍着他们的背，祝贺他们，你知道吗？”亚历克斯双手抱臂说。

维多利亚看起来很担心，“我觉得这样的世界观太狭隘了。亚历克斯，我没法逼你从另一个角度看待问题。”她深深吸了一口气说，“但至少让我解释完，然后你可以从中得出自己的结论，好吗？”

“当然了。“亚历克斯粗鲁地说。这个陷阱，维多利亚可没说到点子上，他想她在运动领域和职场肯定没有任何经验。

“好的。嗯，几年前，我读了心理学家卡罗尔·德韦克的一本书，这本书彻底颠覆了我的世界。她深入研究了在抚养孩子时，鼓励孩子所付出的努力的重要性，并将她的想法写成了一本书。其实，我今天拿着这本书呢，我想把我最喜欢的一些观点读给你听。可以吗？”她问道。

亚历克斯叹了口气说："当然了，读吧。"

维多利亚把书从皮箱里拿出来，开始翻起来，每一页她都画得满满的。

“太好了，就是这段。”在开始阅读前，她清了清嗓子。

在对数百名儿童做了7次实验后，我们得出了结论，这是我见过的最明显的发现。表扬孩子聪明会影响他们的积极性，从而影响他们的表现。为什么会这样呢？难道孩子们不喜欢被表扬吗？是的，孩子们喜欢被表扬，他们尤其喜欢人们表扬他们聪明，有天赋。这样的表扬确实会让他们膨胀，让他们产生一种特别的喜悦，但仅限于当时。一旦遇到困难，他们就会失去自信心，他们的积极性就跌入谷底。如果成功意味着他们很聪明，那么失败意味着他们很笨，这是固定的思维模式。

她翻了翻书，“啊，这一段也很精彩。”她继续读道。

家长们认为，通过表扬孩子们大脑聪明，有天赋，可以给孩子建立永久的自信心——就像送他们一件礼物一样。这根本就行不通，其实还会产生相反的效果。一旦遇到困难或事情出现问题，孩子们就会质疑自己。如果父母想给孩子们一份礼物，最好是教会他们热爱挑战，对错误好奇，享受过程，不断学习。那样的话，孩子们就不会成为赞扬的奴隶。他们会用一生的时间来建立自信，恢复自信。

维多利亚找着下一句引文，她的手指落在了另一行字上："不管你有什么样的能力，"她读道，"'只有努力，才能激活你的能力，并将能力转化为成就。'我很喜欢这个说法，这印证了我告诉你的一万个小时法则。甲壳虫乐队确实有天赋，莫扎特也有天赋，但是如果他们不努力，他们的天赋就可能被浪费掉。

"哦，还有这句话。"她大声喊道，"对不起，快完了，这本书里确实有很多好东西。最后一句了，我保证。"维多利亚瞥了亚历克斯一眼说，"美国传奇篮球教练约翰·伍登曾经说过，你开始抱怨了，那你就输了。他的意思是说，在你否认错误之前，你仍然在不断地从错误中学习。"

"所以，你想告诉我的就是，失败只是我们人生之路的一部分，对吧？"亚历克斯一边又拿起笔，一边问道。

"比那还要好！你根本不必把错误看作是失败。错误仅仅是过程的一部分。犯错并不会让你失败——但是，按照约翰·伍登的说法，否认和指责却会让你失败。如果我们承认错误，并从错误中学习，而不是粉饰错误，就不会偏离目标，而且还被赋予了能量。"维多利亚坚定地说。

"作为人类，我们需要转变模式，改变对自己以及他人的错误的看法。但是，我们倾向于用自己的意图——我们想要做的事情——来评判自己，而用别人的行为——我们看到他们做的事情——来评判别人。很难猜测别人的意图，不是吗？我们要更宽容，对自己多么宽松，对别人也要一样宽松，这样才能体会到一种新的视角。”她补充说道。

亚历克斯正忙着做笔记。一开始，他怀疑维多利亚给他提供的信息是否准确，但德韦克博士书中的话改变了他的看法。

“我可以看看那本书吗？”他伸出手，问道。

“我把我引用的页码都折起来了。”维多利亚一边把书递给亚历克斯，一边说道。

亚历克斯意识到，他在抚养孩子和指导销售员方面错得好离谱呀！以前从来没有赞赏过他们付出的努力，就好像赞赏很珍贵，除非取得了成功，否则他根本不同意进行奖励。以前，两个孩子取得了成绩，他就大肆表扬，却没有因为他们付出努力而表扬他们，但这种情况即将改变。

“看你那么认真地记笔记，我觉得你很喜欢咱俩今天的谈话。”维多利亚猜测说，亚历克斯开玩笑地用手把笔记盖住。

“还没有证据能证明那一点呢。”他反驳道，“不过事实上，你说得对，你再一次开拓了我的视野。”

维多利亚堆满笑容说：“那么，接下来，我还想和你分享一个观点，我想有助于你从现在掉入的学习陷阱走向你想去的地方。”

“快点告诉我吧。”亚历克斯投降了。

“好呢。那么，再不要开我的玩笑了，好吗？”她威胁地用手指指着他说。

亚历克斯笑着把两只手举起来，好像有枪指着他一样，维多利亚哈哈大笑起来。

“呃，你知道的，我特别支持能量和能量流的说法，一直很欣赏心理学家吉姆·洛尔的作品。在我最喜欢的一本书里，他写到了我们讲给自己的故事，或者说是叙事。他说，‘故事是我们对现实的创造，事实上，故事要比真实发生的事情更重要。提到“故事”，我是指我们创造出来并讲给自己和他人听的故事，这些故事构成了现实，这是我们一生唯一知道的现实。’

“每当你想做出巨大的改变——就像现在一样，亚历克斯——你需要在大脑中创造新的故事，同时还要让你大脑中根深蒂固的老故事静默下去。”维多利亚解释道。

“好吧，请继续说下去吧。”亚历克斯说。

“如果你一直相信老的叙事方式——亚历克斯的老故事，你的行为不可避免会跟着你的故事走，根本就没有什么动力牵引你做出改变。

“相反，如果你大脑中的故事采取了新的叙事方式——亚历克斯没有陷阱的故事，那么，那你就能按照自己的想法采取全新的行动。”

“我真的很喜欢你刚才说的。”亚历克斯有些犹豫地说，“但是，亚历克斯的老故事应该不会给新的叙事让路。我的意思是，我这辈子一直是这个样子。你刚刚说的非常鼓舞人心，但是我觉得并不太容易实现。”

维多利亚微微一笑，她真的很喜欢亚历克斯，他既大胆又恐惧，既坚强又没有安全感。能看得出，他渴望转变，但是怀疑自己没有能力去转变。

“亚历克斯，”她亲切地说，“你不能抓着老故事不放。除非你改变大脑中的叙事，否则行为不会改变。我知道，你可以做到的。”

维多利亚这么信任他，让亚历克斯一度觉得自己可以创造新的故事，他强挤出一丝笑容说：“谢谢你，维多利亚，你说的话对我很重要。”

“在书中，洛尔建议采取两个关键步骤。一是让自己内心深处喋喋不休的声音安静下来，二是唤醒自己内心的声音。就像所有新鲜事物一样，需要不断练习，才能做到这两点。要想持续改变，这可是个非传统的、革命性的观点。”维多利亚解释道。

“我明白了。我之前没有意识到，旧的故事叙事竟然对我有这么大的影响，现在我明白为什么旧的故事会一直阻碍我进步了。”他承认道，“每当我开始前进，老故事叙事就会打乱我的计划，让我偏离轨道，不知不觉又开始怀疑自己。既然我现在已经明白是什么在起作用，我会把那不准确的叙事方法扼杀在萌芽中，用新的故事叙事方法取而代之。”显然，明白这一点，而且能够清楚地向维多利亚表达出来，让亚历克斯觉得如释重负。

“总结得不错，亚历克斯，你的确学得很快。”维多利亚继续说道，“人能否取得进步，取决于我们是否有能力从错误中吸取教训并快速成长。小时候——在我们还蹒跚学步，或是个小孩子，或者刚刚成年的时候，我们还相信这一点。但不知道怎么回事，等成熟后，成年的我们却把这个原则忽略掉了。我们人为创造了一个世界，一个希望所有人都完美的世界，但这根本不现实，也不健康。

“生活经历让我们发展、进步、前进。如果试图否认自己犯了错，或者试图粉饰错误，而不从中吸取教训，将阻碍自己的成长，停滞不前，并不断犯同样的错误。”维多利亚总结道。

亚历克斯低头看了看手表，3个多小时又过去了。之前他就觉得维多利亚人很好，很有见地，然而，今天关于学习陷阱的讨论简直超乎想象！他以前就知道自己错在哪儿，但现在他能以全新的眼光来看待自己的错误。这都算是进步——现在他可以从错误中吸取教训了，这实在是颠覆性的改变！学习陷阱不仅仅是种练习，而是重新定义了他对生活的看法。

从记事起，每次犯了错，亚历克斯总是否认或是糟践自己。当他了解这个陷阱是怎么套在他身上后，对人生有了全新的看法。对亚历克斯来说，这绝对是个突破。

"维多利亚，你真是太有见地了，我都不知道该怎么感谢你。我很期待应用今天学到的东西，也喜欢你讲述学习陷阱的方式。"他说道。

"对我来说，今天的经历也彻底改变了我。亚历克斯，你就像是海绵一样，把我说的话都吸收进去了。你愿意检视自己的生活，愿意做出改变，这很不寻常，也很鼓舞人，我期待以后再和你对话。"

"我也是。"亚历克斯说，"希望你开会期间过得愉快，维多利亚。要回去沙滩别墅见罗伯了，很激动吧？"

"这个会议非常精彩，不过，是呢，能回家简直太好了。"她回答道，再见时和他拥抱了一下。

他们商量好再过几个月通过视频再谈一次，然后亚历克斯就回家了。在坐电梯往停车场走的路上，他打开了陷阱记录本，看了看他写的笔记。

第五个陷阱：学习陷阱

为什么？

1. 我们没有对自己的选择负责，我们掩盖自己的错误，重写自己的经历，而不是承认错误并对其负责。

2. 我们将错误看作是性格缺陷，而不是学习过程的一部分。

3. 我们想给别人展示一定的形象。如果其他人看到我们的缺陷，我们想要展示的形象就被损坏、被污染了，我们本能地想要保护这个形象。

传统应对方法

如果你不擅长这件事，那就试着做做别的事吧。如果你不能迅速得到想要的结果，在别人注意到你即将失败之前，做一些能有更好结果的事情。

顿悟式突破

要像对待最终结果一样，为付出的努力、走过的路、经历的过程而庆幸、庆贺。错误有益，不要隐藏错误，要从错误中吸取教训。

亚历克斯觉得很兴奋，他要按照学习陷阱所揭示的，以新的方式纠正过去和当下所犯的一些错误。

* * *

亚历克斯现在高尔夫球打得少多了，所以他开始在平时以及周末观看迈克尔的足球赛。足球是迈克尔自己选的运动，他踢的是前锋。亚历克斯以前没有意识到，每次踢球的时候，迈克尔有多么紧张。

有一次，球赛快结束的时候，迈克尔有几个关键的球都没踢进去，教练把他从场上换了下来。迈克尔气坏了，最终他们队以一球之差输了比赛。比赛结束后，亚历克斯试着安慰儿子，但迈克尔根本不听。最后，他们开车往家走没几分钟，迈克尔脱口而出：

“你敢相信吗？我踢得实在是太烂了。”

“其实我觉得你踢得挺好的，你几乎进了5个球。对方的守门员守得很棒！我们射门肯定射了有20次。”

“是呀，但我们只进了两个球——太可悲了。“迈克尔哀叹道。

“但你必须归功于他们的守门员。他们射门射了八九次，我们就丢了3个球，我们的守门员就是没有对方守得那么好。”亚历克斯反驳道。

“我要是进上一个球，比赛肯定就会进入加时赛，我们就得点球了。如果我进上两个球，我们肯定就赢了。真不敢相信，我竟然没能做到。”迈克尔激动地说道。

“迈克尔，听我说，你球踢得非常好。另外一个球队不过是今天的状态更好一点罢了，他们赢球主要是守门员的功劳。”

迈克尔根本就没在听，“或许我以后不应该打前锋了，或许我以后压根儿不应该踢足球了。在球队最需要我的时候，如果我不能为他们争光，那我根本就没理由待在球队了。”他生气地断言道，“教练把我换下场是对的。他知道，等比赛到了紧要关头，我肯定会卡壳。”

亚历克斯不敢相信自己听到的话，他知道儿子的标准很高，但是把整个球赛失败的责任扛到自己肩上，实在是太过了。亚历克斯意识到，迈克尔有这样的反应，他也有间接责任。过去，他自己就太关注结果了——比赛是赢还是输。儿子取得了进步，亚历克斯很少或者说根本就没有给予过肯定，他也没有鼓励儿子从射门失利、比赛失利中吸取教训，慢慢进步。

曾经有很多次，迈克尔比赛回来，亚历克斯只会问两个问题：“你赢了没有？”“你踢进去几个球？”如果迈克尔回答说：“我们输了。”亚历克斯就会回答：“那糟透了。”如果迈克尔没有踢进球，亚历克斯会说：“嗯，那太糟糕了。”他从来不问迈克尔有没有进步，也不问迈克尔正在训练什么技巧，一直以来，他只关注最终结果。

“我想让你知道，我为你而骄傲，也为你取得的每一点进步而自豪。”亚历克斯一边说，一边把车停在车道上。

“嘁，好吧，说得好像你关心过我取得的进步似的。”迈克尔喊道。他把车门一摔，气冲冲地跑进房间。

“迈克尔怎么啦?“劳拉问道。

“他比赛输了。”亚历克斯回复道。

“比分是多少？”

“三比二。”

“迈克尔进球了吗？”

“没有。”亚历克斯说。

“哦，那可糟透了。”劳拉说道。

亚历克斯觉察到了其中的讽刺意味。

几个小时后，当迈克尔冷静下来的时候，亚历克斯觉得，正好和迈克尔好好谈谈，说说在比赛时发生的事情。

亚历克斯敲了敲门，“嗨，你有时间吗？”

“当然有，怎么啦？”迈克尔好像振作起来了。

“我想向你道歉，因为过去我对你踢足球不够支持，我几乎没看过你的比赛。还意识到，过去我只会问比赛结果，从来没有问过你有什么困难，你正在学什么东西，你正在经历什么，从此以后，我想要做出改变。”亚历克斯温柔地说。

“是啊，你以前只关心输赢，现在突然开始关心别的，真是太奇怪了，你现在为什么突然关心这些呢？”迈克尔问道。

“因为我意识到，你那么努力，我却几乎没有表扬过你，每次取得进步，我也没有赞扬过你。我想听你详细说说你踢足球有什么打算，我该怎么帮你实现这些目标。”

“老爸，你变成一个开明的老头了。”迈克尔打趣道。

“哦，儿子，还没到那种程度呢，肯定还没有达到我理想中的程度，但希望我在朝着正确的方向前进。这些想法并不是我的原创，维多利亚告诉我一项关于父母教育子女的研究，我深受启发。研究认为，现在的父母，总是因为孩子取得了成绩，而对他们大加赞赏，但对于孩子们在成功和失败中所取得的进步和成长，却根本没有赞赏。赞赏过程很关键，因为生活中难免会有困难，孩子们一旦开始苦苦挣扎，他们就会给自己贴上不成功的标签。然而，正是因为这些苦难，人们才能学习，才能成长。”亚历克斯细细说道。

“听起来很有趣。”迈克尔说。

“那么，迈克尔，你说因为不能为球队赢球，所以不想再踢球了。你之所以那么说，是因为你习惯于认为赢球就是成功，并默认输球就是失败。但是生活并不是这么简单，没有人是常胜将军，就算是最好的球队也不能一直赢球。事实上，一个球队通常要输很多场才能最终赢得某个赛季。”

迈克尔点点头，表示同意。

“作为你的父亲，我想帮助你将关注点放在进展上，你自己的进展上。我知道，这是一种全新的行为模式，需要多加练习，才能够掌握。我知道，你只关注结果是受我的影响，因为我也是这么被养大的。不过，现在我看出来这种思维模式对你多么无用了。永远不要因为偶然的挫折就放弃你的目标和爱好，迈克尔。你可以把这些明显的绊脚石当作是垫脚石，让你离自己的目标更近。

“维多利亚还教了我一些别的东西，传统智慧认为，如果我们不太擅长某事，那我们就应该做些更容易的事情。换句话说，不要让别人看到你的弱点，去指责，去否认，总之让自己远离错误。顿悟式突破则让我们把错误和挣扎看作是生活必不可少的组成部分，错误和挣扎很有用，有助于我们前进，不能为此就放弃，就转而去做更容易的事情。”亚历克斯解释道。

“但我就是受不了我做不成事情啊。”迈克尔坚持说道。

“我知道，迈克尔，那是因为你有些完美主义倾向。你信奉的生活哲学是：如果不能做到尽善尽美，那不如试都别试。”

“那还是哲学思想？”迈克尔问道。

“正是这样。”亚历克斯肯定地说，“你的挑战在于，你是个完美主义者。我的挑战在于，我很难接受自己犯了错，而且很难原谅自己。按照维多利亚的说法，我们两个人都错了。但像我们这样的人很多，现代社会运行大多都基于这一有缺陷的基础。”

亚历克斯严肃地看着迈克尔的眼睛说：“嗨，我希望你不要因为在一次比赛中受挫就不踢足球了。我想，踢的球赛越多，你的经验就越丰富，就踢得越好，没有你的话，球队的情况更糟糕。”

“谢谢，爸爸，你说得对……我不会退出球队。只是，输球后我真的很沮丧，我怎么就是没法绕过讨厌的守门员，把球踢进去呢！天哪！他真是太棒了！我会尽量试着不太苛求自己。”他感激地说。

“正如一位睿智的大师对年轻的绝地学徒所说的：‘尝试？不要！做或者不做，根本就没有什么尝试！’”亚历克斯模仿尤达大师的声音说道。

迈克尔笑了，朝父亲扔了个枕头，“那么，你现在成了绝地大师了，是吗？”

亚历克斯微笑着把门关上，做晚饭去了。

亚历克斯晚饭做意大利面和肉丸，他一边沥干面条，一边想了想刚才的对话。感谢上苍，迈克尔这么听他的话，并且这么快就从失望中走了出来。他若有所思地说，孩子们的韧性就是好。包括他自己在内，每个人都在不断进步，这句话确实有道理。这样的话，大家更容易宽以待人，他希望别人也能对他宽容一些。

* * *

自从卖了豪车，亚历克斯和金姆之间就重新打开了一扇门。自那以后，他们每周都要通会儿话，聊聊孩子们的事情，至少这是个开始。打电话的时候，亚历克斯还是会为他的行为辩解，认为分居不是他的错，金姆也是。然而，因为和维多利亚一起研究了学习陷阱，亚历克斯的思维方式完全不同了，所以今晚打电话的时候，他不再辩解，开始坦白承认自己过去这些年来所犯的错误，尤其是导致他们分居的那些错误。他认识到，那句箴言——“不要露出任何弱点”，或许作为一个足球队的座右铭正好，但在生活中，绝对不是什么好话。

“金姆，我上次和维多利亚谈话时，学到了一些新的观点，令人吃惊。我们谈到了错误，也谈到了为什么我们应对错误的方法都错了。”

“嗯，听起来很有趣，再多说一些吧。”

“嗯，她告诉我，我们没有意识到错误的重要性，还给我解释了原因。我们不想承认错误，不想从错误中学习，相反，却试图隐藏错误，或者是粉饰错误。”亚历克斯说道。

“说下去。”金姆说。

“嗯，她的话让我意识到，婚后，我总是试图隐藏或是粉饰我所犯的错误，从来不承认我在哪些方面做得不足。”

亚历克斯彻底吸引了金姆的注意力。“继续说下去。”她鼓励道。

“金姆，我想为我犯的错误道歉，是我害得咱们分居。金姆，对不起。我希望你能原谅我，能再给咱俩一个机会。”亚历克斯说道。

“你今天的立场可和以前不一样。”金姆说道。

“是的，完全不同。”亚历克斯回答说。

“亚历克斯，从孩子们告诉我的事情来看，你已经在习惯和生活重心方面做出了改变，我觉得很了不起，我希望不是昙花一现。”金姆怀疑地说道。

第六个陷阱：事业陷阱

亚历克斯工作很突出。在工作中应用从专注陷阱中学到的顿悟式突破方法后，他比以前更有影响力，更会激励别人，更有领导力了，他整天考虑的都是最重要的事情。不过，无法否认的是，他心底隐隐觉得不安，而且感到没有提升空间。

因为他所做出的改变，工作质量提升了，但是他仍然感觉没能实现自己真正的价值。自从他做出改变，摆脱专注陷阱后，更有成就感了。但一段时间以来，他对工作越来越没有热情。亚历克斯发现，他的职业生涯最缺乏的是目标。他究竟做出了什么贡献？会产生什么持续影响？和客户共事是他最喜欢做的事情，客户对他的评价也很高。但是大部分时间，他对工作毫无热情，觉得太单调了。

亚历克斯从小就想成为一个企业家，他不喜欢被老板管着，更喜欢自己管自己。虽然慢慢长大了，但他一直没有忘掉想要独立的愿望。负责销售有一定的自主权，但是大部分时候，他觉得自己就像是个工具，老板和公司利用他来得到他们最想要的东西——更高的销售额，他只不过是实现目的的工具而已。亚历克斯意识到，销售经理这个工作的成绩很快就会被人忘掉。去年的销量有多好，上个季度的销量有多好，根本就不重要，最终都归结到一个问题：“这个月，你能为我卖出多少？这周呢？”亚历克斯很恼火，公司领导怎么就这么短视呢？

初入职场时，亚历克斯就暗下决心，每份工作只暂时做一做——只要能积累些经验就行了，然后他就自己开公司。但是每次他考虑离职的时候，就会升职、涨工资。他赚的钱越多，买的玩具就越多，旅行次数越多，花销越多，债务也越多。有这么重的经济负担，他再不敢离职了，当然也没有储蓄来开办自己的公司。

在开始工作后不久，他采访过一些四五十岁的高管，问他们是否对工作满意。他发现，有一半人对工作非常满意，另一半则非常痛苦。采访这些不开心的高管时，亚历克斯发现了一个共同点：到某个时间段——大约在一个公司待上10年之后——他们就都放弃了。他们认命了，觉得自己不可能比现在赚得更多，所以他们放弃了自己的梦想。简而言之，他们安定下来了。

亚历克斯还记得，他在以前那个公司工作的时候也经历了那个时间点。公司主管销售的副总裁要退休了，在最成功的8个销售经理中，他干得最好。很明显，在替代要空出来的副总裁职位之争中，亚历克斯最有优势，但是他也知道，到他离开公司的时候了。他的朋友蒂姆一直劝亚历克斯和他去创业，两个人各占50%的股份。亚历克斯可以实现梦想，成为一个企业家。

同时，新职位很诱人，在召唤着他。他可以成为自己一直效力的公司的首席销售执行官。不过，亚历克斯知道，赚的钱越多，能力越大，责任越大，压力越大，他也知道，他赚的每一分钱，都要付出相应的努力——

公司都会从他身上得利。

亚历克斯很擅长销售，但他也想拓展自己的创新能力，而现在负责销售的职位对创新能力的要求并没有那么高。他渴望从头到尾管理一家企业，而只有企业家才能做到这一点。但等到真正要行动的时候，亚历克斯却退缩了——感觉太冒险了。他选择留下来，坐上了执行官的位置。不幸的是，没过多久，公司就破产了，所以那个职位没坐多久，他就发现自己失业了，没了收入。与此同时，蒂姆的新公司却蒸蒸日上。

亚历克斯感觉自己错失了机会，不过现在，他努力直面自己的失败，不再感到愧疚或遗憾。不再找借口，不再辩解，不再老为自己辩护。那天，结束一天平淡无奇的工作后，他晚上回到家，准备和维多利亚进行第一次视频会议。他当时还不知道，但事实上，她那天准备讨论的陷阱正如在夏威夷介绍的第一个陷阱一样及时。前几次是面对面坐着讨论，这次是坐在电脑前，感觉很奇怪，不过，亚历克斯很想再和维多利亚谈谈。

“好像我们的信号很好，亚历克斯，你能听清我说话吗？”她问道。

“声音又洪亮又清楚。”他回复道。

“好的。“她微笑着说，“你准备好了吗？把笔记本拿出来了吗？我想你肯定会很喜欢今天的陷阱。”

“向我砸过来吧！“他大笑着说道。

“第六个陷阱的主旨是你是否热爱所选的职业，是否投入。”

“我不确定我会选择‘热爱’这个词。”亚历克斯半开玩笑地说。

“我猜就是，顺便说一句，不只是你有这样的想法。现在，很多人从事的职业既不能激发他们的积极性，又不能激发他们的灵感，这种情况比以往更甚，所以他们在工作上没有用心用脑。他们并不喜欢自己的工作，但是因为经济上太依赖工作了，所以才没有离开。很多人最终发现，自己已深陷第六个陷阱，我称之为事业陷阱。”维多利亚解释道，“听起来熟悉不？”

“恰如其分。”亚历克斯说道，仿佛维多利亚可以读懂他的想法一样。

“调查过员工敬业程度的公司发现，在职场，不敬业的现象十分猖獗。你觉得可能是什么原因呢？“

“我能想到很多原因。”亚历克斯回答说。

“哦，我看过很多关于不敬业的调查研究。这不仅仅在美国是个问题，在全球都是个问题。所有调查均表明，在职场，员工都存在不同程度的不敬业问题。各大公司每年投入大量经费，试图解决这个问题，但一直没有得到解决。事实上，很多时候，情况越来越糟糕了。”

“真是太疯狂了，不过，这也并不奇怪。“亚历克斯说道。

“如果人们觉得工作不能激励自己，他们就不会敬业。”维多利亚说道，“如果人们只把工作看作是达到目的的手段，如果他们认为，我只是暂时做这份工作，等找到更好的就换工作，那他们就不会敬业。等他们进入了职业舒适区，或升职，或加薪，或二者兼而有之，最终才发现自己被陷住了。等他们结了婚，买了房子，生了孩子，就有了固定的开销，或者有了债务。那么，他们回头才意识到，自己非常依赖现在的工作和职业，虽然发现自己被陷住了，却既不敢辞职，又过得不开心。

“然后就开始恐惧，害怕一旦换职业就得重新开始。害怕自己太老了，不敢再尝试新鲜事物。害怕没有钱花，害怕没有技术、教育和专门的技能做自己热爱的事情。你有没有过这样的感觉呢？”维多利亚问道，尽管她知道答案绝对是肯定的。

他从椅子里坐起身来，通过屏幕注视着她的眼睛，“多年来，我一直有这样的感觉。我一直想要做个企业家——做自己的老板。我有很多想法，也想做很多项目。但是，我现在特别擅长目前的工作，有这方面的能力，因为我必须要有收入，但一直以来，我的心思没有完全放在这工作上。如果现在让我选择，我不会选这个工作——我选这个工作就是为了养家糊口。

“我的问题，你已经非常清楚了，”亚历克斯继续说道，“就是，我花得比赚得多，这已经成了习惯。我的收入增加了，但我的开销也增加了。房子必须要改善一下——我们想让房子更舒适，更宽敞。会买更贵的车，最新最好的高科技产品。我必须什么都有，而且必须马上就有。可以这么说，等些时候再满足需求并不是我的强项。我欠的债越多，在工作上陷得就越深，就越依赖这份工作。”亚历克斯叹息道，“我原以为自己是在追求美国梦，但坦白讲，美国梦已经变成了一场噩梦。”

他深深地叹了口气，“我最担心的并不是自己会失败，也不是觉得自己年龄太大。最大的恐惧在于，我没钱，离不开这份工作。我的负担太重，固定开销太高，债务太多，如果我失业，又不能很快找到下一份工作，那只能宣布破产了。”

“那样活着，压力确实太大了，真的很揪心。“维多利亚同情地说道。

“过去一直是，不过，多亏了你，我的情况正在改变。债务正在减少，我终于看到自己有望实现财务自由了。”

“我能听出你很兴奋，说详细点吧。”

“我知道，人们总说，‘篱笆那边的草看起来更绿。’我也知道，任何职业都有挑战，都有缺陷——但是，如果我‘下海’办自己的企业，就可以找到工作的动力，而这正是我一直缺乏的。”

“你想要采取的行动刚好和我今天想要说的观点相关。”维多利亚说道，“我想说的是，人们安稳下来，被工作困住有三个原因，你想听听细节吗？”

“洗耳恭听。”亚历克斯咧开嘴笑着说。

“好的，第一个原因是，经济上依赖工作；第二，工作环境不能鼓舞人；第三，进入了职业舒适区。”她总结道，“让我们一个一个地细说吧。”

经济依赖

“大部分人靠工资收入养活自己，养家糊口，我们要避免过于依赖工作收入。工作赚钱很重要，但赚钱不应该成为我们工作的主要原因。”维多利亚说道。

“如果在经济上过于依赖工作，会影响我们做出其他贡献。”

“你说的会影响我们做出其他贡献是什么意思？”亚历克斯问道，他开始思考自己在工作中投入的精力。

“我的意思是，如果经济上过于依赖工作，我们就会变得过于谨慎，不愿意担风险。会担心如果我们提出和公司文化相悖的想法或建议，可能会冒犯老板。为什么会这样呢？因为我们害怕失去工作。害怕表现得太显眼，害怕有不同的想法，害怕挑战其他人，害怕争吵，害怕辩论。如果我们谨慎行事，明哲保身，我们在公司就没有表现出最好的自己，而只是顺从的一面——不想捣乱，不想质疑现状，那不是我们想在工作中表现的样子。

“是这样，公司聘用我们，自然希望我们把最好的自己带到工作中去——最好的想法、主意、观点、方法、建议和最大的努力。当我们决定明哲保身时，我们痛苦，公司也跟着我们遭受损失。如果一个公司只有很少一部分员工是这种状态，那就还好。但如果30%、40%或50%的员工都是这样呢？你能看出公司的生产力会受到什么样的影响吗？”她问亚历克斯。

“我可以看出来，我们公司就是个典型的例子。可以这么说，现在有30%到40%的员工就是那样。必须承认，我也更加小心，更加谨慎了，因为如果我丢了工作，就没有收入，也没有了还清债务的希望。我承担不起那样的后果，尤其是现在，根本不行。”他说。

“你替我把道理讲清了。”维多利亚笑着说，准备好继续说下一点。

让人泄气的工作环境

“亚历克斯，如果说事业陷阱百分之百是员工自己造成的，极其不公平。其实公司也是罪魁祸首。”维多利亚继续说道。

“这从何说起呢？”

“我的意思是，现在很多公司成立后，其结构和目标只能培养出平庸无为的员工。”她回答说。

“但是公司为什么会那样呢？”亚历克斯问道，感觉很奇怪。

“这并不是公司的本意，但如果它们不小心，自然会导致那样的后果。公司的规模越来越大，聘用的员工就越来越多，成立的机构也越来越多，制定的规则和政策也越来越多。从本质上来说，那并没有什么错——大部分公司都得解决发展带来的问题。但是，正式的机构往往会抑制人们的创新能力和创造能力，问题正源于此。那些积极主动、足智多谋的人往往被认为是破坏分子。大多数公司没有建立相应的机制来收集并向上汇报员工的想法和建议。

“员工们分享的方法通常与企业文化相悖，尽管这些想法比现有的方法更高效、更有效，却往往会遭到拒绝和反对。有创意的员工看到这种情况发生过几次，他们就缄口不言，不提建议了。他们觉得，如果没人听自己的想法，更不要说采纳自己的想法，自己也不会得到奖赏，干吗还要说出口呢？不幸的是，这是很多公司的现状。这也就是大量员工不敬业的原因。”她解释道。

“那样真的没有道理。”亚历克斯说道，“但以我的经验来看，我不得不同意你的说法，你说得对。”

职业舒适区

“亚历克斯，我们屈服于事业陷阱的第三个原因，你刚才也提到了。像你一样，很多人并没有打算长期做手头的工作。他们本来打算短期待一阵，结果往往变成了常态，导致他们最终放弃了自己的职业梦想。几个月变成几年，几年变成几十年。人们发现自己整个职业生涯做的竟然是一份没有激情的工作，但不管怎样，他们安定了下来，进入舒适区，最终留了下来。”

“的确——这正是我的问题。”他插嘴道，“不同之处在于，我现在职业生涯刚刚过半，所以我依然有时间做出改变。”亚历克斯说道，希望能够得到维多利亚的安慰。

“对的。”维多利亚微笑着说，“约翰 · 列侬曾经说过 ：‘在生活中，总是计划赶不上变化。’的确是这样。我们到处探索，还没有意识到的时候，就到退休的年纪了。我们没想一直做那份工作，但就是没辞职。

“生活很美好，你需要好好考虑一下该怎么过。不要让自己随波逐流——当然了，除非你是在夏威夷度假。”维多利亚微笑道，“否则，我的朋友，你就没办法经营自己的生活。”

传统应对方法

“按照传统的方法，只要我们专注做自己喜欢的事情，就万事大吉了。”维多利亚继续说道，“这个方法的问题在于，这样仅仅触及到生活的一个方面——我们热衷做的事情，而没有充分挖掘我们的能力。我们热衷的事情可能对我们没有挑战性，也不能让我们百分百投入。做这样的职业，赚的钱可能都满足不了我们的需求，更不用说满足欲望了。对工作有激情很重要，但如果只考虑这一点，而不考虑其他方面，那就太狭隘了。”

顿悟式突破

“亚历克斯，成功的职业有四个维度——经济维度、思想维度、激情维度、目标维度。如果一份工作能够体现这四个维度，那我们就会全身心投入工作。很多工作的问题在于，只能涉及一到两个维度。”

“如果一份工作付给我不错的报酬，甚至是很高的报酬，但却要求我对想法有所保留，或者说工作不能吸引我全身心地投入，那么，在工作中，我就不会付出全部，也不会产出最好的成果。最终，会变得很悲惨——思想被压抑，灵魂被束缚，何其挫败！我会觉得自己被困住了，虽然身体可能还在，但思想、心灵和精神早就跑到九霄云外了。

“很多人都有这种情况，”维多利亚富有戏剧性地说，“但事情并不是非得这样。关于工作与这四个职业维度，你需要回答四个问题：我得到的报酬够高吗？他们重视我的想法，创造性地使用我的想法了吗？工作中我是否激情四射？我是否有目标，是否做出了贡献？”

“难怪我一直对目前的工作状态不满，我完全没有考虑激情和目标！”亚历克斯说。

“听上去确实是这样。要想在工作中一直有成就感，关键是要在工作中挖掘这四个因素。如果这四个问题你都做出了肯定的回答，那这份职业就完全适合你。如果任何一个问题的答案是否定的，那你很可能就不会敬业。”

“嗯，我想我知道该如何回答……”亚历克斯停顿了一下说，“我目前的工作显然不适合我，直到现在我才搞清楚这份工作缺的是什么。”

“在职场，要想获得参与感和满足感，关键就在于此。”维多利亚指出，“如果一家公司希望员工全身心投入，它必须努力满足成功职业生涯所需的这四个维度，许多公司的领导根本不明白这一点。他们认为，只要付给员工足够高的薪水，员工就会留在公司，其实这种情况很少发生。

“大多数人离开公司是因为不喜欢老板对待他们的方式，换句话说，是他们炒了老板鱿鱼。人们之所以辞职，通常是因为工作过于平淡无味，缺乏激情，没有生气。有时候，人们不能自主去做他们认为最好的事情。好像公司营造的氛围就不喜欢员工反馈，而且一有新想法，就迅速压制下去。在这种情况下，人们的积极性备受打击。亚历克斯，你以前可能有过这样的经历，是吗？”她问道。

“绝对有过，从创新的角度来说，这种工作环境令人窒息。”

“许多公司还没有找到释放员工潜力的方法。长远来看，一直以这种方式运行的公司无法在全球市场上竞争。它们无法生存，是因为它们没有充分利用人类的创造力和适应能力。”

“经济衰退时，我工作的公司正是这样，”亚历克斯评论道，“我过去常常认为是公司运气不好，但你说的更有道理。”

“我能提个建议吗？”维多利亚打断他说。

“当然。”

“如果你每个季度都问一次自己这四个问题，并且诚实地回答自己，就不会对工作不敬业，你觉得你真的可以做到吗？”

亚历克斯想了想，回答说：“我肯定能做到。”

“好样的！”她的眼睛炯炯有神，“我喜欢史蒂夫·乔布斯的说法：‘我们没有机会做那么多事情，所以每件事都应该做到极致，因为这是我们的生活。你知道的，人生短暂，过着过着就死了。’”

亚历克斯陷入了沉思，时间越来越少，令人不安。他默默地坐着，维多利亚深深地吸了一口气，继续说下去。

“亚历克斯，关键在于，你的生活你做主，你是自己命运的建筑师。你会选择重视并满足这四个方面的职业吗？你在哪里可以释放自己的天赋，利用自己的才能？或者说，是不是这些方面满足不了，你也觉得可以呢？”她恳切地说道。

“就像之前说的，我觉得我已经做好改变的准备了，我想我在工作上停滞太久了！”他低头看了看笔记，确保自己记下了维多利亚总结的所有要点。

第六个陷阱：事业陷阱

为什么?

1. 我们在经济上依赖于工作收入。

2. 我们的工作环境不能鼓舞人，不能让员工做最好的自己，因此，我们失去了灵感和激情，勉强接受了这样的生活。

3. 当短期工作变成长期工作，我们就进入了职业舒适区。

传统应对方法

做你喜欢做的事，一切都会好起来的。

顿悟式突破

从事能满足成功职业四个维度的工作：经济、思想、激情和目标。

亚历克斯向维多利亚大声地读了读笔记，她没有立即回应。他把目光从日记上移开，看到她自豪地微笑着，“亚历克斯，你已经是一个合格的陷阱学家了！”

决策时刻

自从亚历克斯上次和维多利亚谈话，已经过去好几个月了。他惊恐地意识到，过去在工作中他总是频繁地按照老的亚历克斯叙事方式行事。在最需要的时候，维多利亚和他分享了那些观点。

金姆和他分居快9个月了，自从他为自己导致了他们分居向她道歉，她接受道歉以来，两个人的感情有了明显的改善，他感觉无论如何他们有希望和好。但是金姆好像并不急着搬回洛杉矶，搬回家住。她在旧金山的工作进展非常顺利，也很喜欢现在的工作。她每个月回来看孩子们两次，但大部分时间都和孩子们待在她父母家里。亚历克斯只能顺便见见她，每次旁边都有别人在，至少他们越来越友好了。现在他用全新的视角看待金姆，觉得她能力强，能够自给自足，很了不起。他意识到，他们生活在同一个屋檐下的时候，他太不把她当回事了。他发誓，如果能有机会再在一起，一定不会让那样的事情再发生。

节日季马上就要到了，亚历克斯不知道，孩子们该和他过，还是和金姆过。他比以往任何时候都思念金姆，也想知道她有没有觉得孤单，有没有想过他。亚历克斯不断想起一些有趣的事情：她觉得害羞的时候，会把棕色的长发拨到耳后；每次聊到深刻的话题时，她都会把玩结婚戒指；每次他说非常搞笑的事情后，她会仰头大笑。他喜欢让她笑，他已经受够了当单亲爸爸，但是，不得不承认，在过去几个月，他和两个孩子的关系有了很大的改善。事实上，他意识到，他们之所以感觉很亲密，并不是因为家里只有他们三个人，而是因为他们付出时间和精力，为了共同的目标而努力。

亚历克斯瞄了一眼厨房，纸蛇还贴在厨房的墙上。月复一月，纸蛇不断缩短，现在只有码尺那么长了。因为花钱更有节制，他和孩子们已经把纸蛇缩短到原来的三分之一。甚至连金姆每个月也会凑2000美元帮他们还债，因为她认为还债她也有份儿。现在，他的信用卡都还清了，卡也都剪成碎片了，只剩下迈克尔慷慨地借给他的一万八千美元了。再过几个月，有了大家的共同努力，纸蛇会彻底消失——永远也不会回来了。哎，这样的进步可以衡量，他沉思道："要是人际关系也像还债一样简单就好了。"

亚历克斯意识到，如果他真的让金姆重回他的身边，那他就需要像还债一样专注，并为之努力。他要把她赢回来，让她明白：她不在的时候错过了好多事情。他希望她能注意到，在她不在的这段时间，他取得了好大的进步，开始为生活书写新的篇章，希望她会喜欢。他决定，等她回来和孩子们过节的时候，给她打电话，约她出来见个面。

在怀疑自己之前，亚历克斯拨通了她的号码。他把电话贴在耳朵上，电话响了，他的心脏开始加速。她会拒绝吗？

在响了6声之后，电话转到了语音信箱，亚历克斯留了个口信。打电话打了个虎头蛇尾，现在他如坐针毡，等着她回电话。

* * *

过去几个月来，亚历克斯为公司创造了辉煌的业绩——公司有史以来最优秀的业绩。他不但很高效，而且还表现出了卓越的远见和领导力，引起了老板、同僚和办公室同事的注意。周五他到办公室后，感觉办公室里好像发生了什么事情。查斯尤其喜欢和人们叽叽咕咕说个不停——好像他知道一些亚历克斯不知道的事情。

亚历克斯一坐在办公桌前，电话就响了，他老板的老板——里克想要见他。考虑到查斯奇怪的行为，亚历克斯怀疑自己是不是做错了什么。他从椅子上站起来，向过道走去。查斯，正在亚历克斯办公室外面闲逛，看着他沿着长长的过道走到了另一头，走到里克的办公室门口。门开着，亚历克斯轻轻地敲了一下门，里克从电脑屏幕上抬起头来。

“亚历克斯，请进——请坐，你要喝点什么吗？”里克说。

“嗨，谢谢，水就可以了。”

“没问题。”里克一边说着，一边把一瓶水扔给亚历克斯。

亚历克斯的好奇心占了上风，他立马开口说：“那么，怎么啦？我能为您做什么呢？”

“是这样，”里克说着，咧开嘴，笑容满面，“我要告诉你一个好消息。我想给你提供一个新职位。今年，你的表现和领导力给我们留下了深刻的印象，我想提拔你做执行副总裁，成为领导团队的一员。”

亚历克斯不敢相信自己的耳朵，“啊，呃……”他张开嘴，但没想到合适的话。他轻轻地笑了，用手摸着脖子后面，这完全没有想到。亚历克斯原以为，领导会告诉他公司要重组了，或者公司要实施一项新计划。这次提拔完全是个意外，太不可思议了。

如果他接受这个职位，就终于能和以前赚的一样多，也终于能够得到他应得的尊重和报酬，一直以来，他都没有得到自己应得的。

然而，亚历克斯知道，他再一次站到了人生的十字路口。尽管这个提议很诱人，但他明白，接受了这个提议，又有好几年无法脱身了。

话语下意识地从亚历克斯的嘴里冒了出来，“里克，我不能接受这次提拔。”他慌慌张张地说，“我也不能在这里工作了。”

亚历克斯看到里克和他一样震惊，“什么？你在开玩笑吧？为什么呢？”他脸上闪现出惊讶的表情，很快又变成了不快。

“我自己都不知道我在说什么。我没打算这么说。但是，过去20年来，我一直想开自己的公司，终于，我决定要行动了。对不起。”亚历克斯简直认不出自己了，听起来像是别人在说话，他不敢相信自己刚刚竟做了那样的事情。

“呃……我彻底惊呆了。”里克笨嘴拙舌地找话说，想重新组织自己的语言，“老实讲，我真的不知道该说什么。为什么突然有这么大的变化呢？你在这儿的业绩超级好，你要干什么去呢？”

“我还没有明确要做什么呢，但如果确定了，我会告诉你的。我只是知道不能再待在这儿了——我必须去闯一闯。”

“你连个计划都没有？亚历克斯，听上去觉得不明智呀。你为什么不接受我的提议，继续待在公司呢——至少待到你明确知道自己想要做什么再说，我们会让你待得很值的。”里克极力劝说道。

亚历克斯向门口走去。他抓住门把手，但是又转过头来，“里克，我没办法留下来，对不起，我不得不拒绝你。”亚历克斯思考了一会儿，说：“我知道，今天的事情确实很意外，所以，如果你想让我帮忙面试新人，我很乐意帮忙。如果你需要我再待两三个月，帮忙培训接替我的人，我也愿意帮忙。里克，感谢为我提供这样的机会，但我需要为自己做点事情了，希望你能理解。”亚历克斯快快地向他点了点头，打开门，走了出去。里克说不出话来，但他也点了点头。

亚历克斯刚刚关上里克办公室的门，查斯就走了过来。

“伙计，和我说说，和我说说！你升职了吗？”

“是的，我升职了。”亚历克斯说道，他依然在消化刚才发生的事情。查斯欢快地咧嘴一笑，他搂了搂亚历克斯的肩膀表示祝贺。

“你推荐我接替你了，是不是？”他像往常一样自以为是地说。

“没有，其实我没推荐你。”

“什么，为什么呢？为什么不呢？你为什么在背后捅我一刀呢？”查斯的脸因困惑而扭曲，他几乎愤怒了。

“查斯，我没有在背后捅你一刀。我没有接受，我要离开公司了。”

“什么？你疯了吗？”查斯怒容满面，双手在空中胡乱挥舞着说。奇怪的是，看到温文尔雅的朋友心情不好，亚历克斯竟然很高兴，“我猜我是疯了吧。”他耸耸肩，平静地笑着，独自沿着走廊走了。他终于自由了。

* * *

那天晚上，亚历克斯回家后，看到女儿坐在餐桌旁埋头看书，“嗨，劳拉，你在读什么书？”他随口问道。

“我在准备SAT考试。”她回答。

“再说一遍？”亚历克斯震惊地说道。

“S-A-T，爸爸！”她试着憋住笑意说。

“好呀，好呀，老爸好开心呀。”他微笑着说。劳拉看着他，也显得很兴奋。

“那今天晚上该谁做晚饭呢？”劳拉问道。

“该我了。”亚历克斯说着，打开冰箱，把一大袋冷冻鸡块倒在平底锅上，他打开烤箱，把盘子塞进去，然后去卧室换衣服。他累坏了，或许，最好躺下来，就躺一小会儿，但是他很快就睡熟了。40分钟后，迈克尔敲门，把他吵醒了。

“爸爸？”亚历克斯动了动，什么东西这么难闻？他用一只胳膊撑起身子，迈克尔把头探进房子，“爸爸，你把饭放在烤箱里，现在都焦了。”

“哦，天哪，对不起，迈克尔。我本想躺上一小会儿，不小心就睡着了。我想我得做点别的东西吃了。”

“没问题，老爸。错误是过程的一部分，对吧？”迈克尔一边溜出去，关上门，一边开玩笑地说。

亚历克斯使劲眨了眨眼睛，努力醒过来。他是在做梦，还是儿子刚才确实说了那句话？

亚历克斯正想着晚饭还能做点什么，电话响了，是金姆。他的心跳开始加速，他没有意识到自己一直在焦急地等她回电话。

“金姆，”他在电话响第二声时接了起来，“你怎么样？”

“嗨，我很好，一切都挺好的。你怎么样？工作怎么样？”

“我还不错。”亚历克斯小心翼翼地说。他在考虑该不该把工作上的事告诉金姆，他知道金姆一直支持他追求创业的梦想，但她可能不理解他为什么要拒绝升职。他犹豫了一下，但还是决定要告诉她。

“其实今天上班发生了很多事情。”他承认道。

“哦，是吗？发生什么事情了？”

“嗯，公司提拔我做执行副总裁。”

“哇，是真的吗？亚历克斯，真是个好消息！恭喜你！”金姆激动地说，“什么时候上任呢？”

“是这样的……我没接受，我拒绝了。”亚历克斯紧张地回答。

“你说什么？你拒绝了？”金姆气喘吁吁地说，希望是自己听错了。

“嗯……我拒绝了。“亚历克斯重复道。

电话里没了声响，“亚历克斯，你疯了吗？”

“金姆，你等我……”

“你为什么那么做呢？”她盘问道，亚历克斯能听出她很生气。

“金姆，我准备自己开公司。一旦找到人接替我，再把他培训一下，我就准备离开公司。我准备要行动了，我终于要付诸行动了！”他激动地重复道。

“我不敢相信我刚才听到的。”金姆说道。她的嗓子变得有些沙哑，“那么，你开公司到底准备干什么？”

“现在还没有想好，不过我会想明白的。等我想好，第一个告诉你。”

“我真的不敢相信，你甚至都不知道自己准备做什么，你就准备从公司离职？不仅放弃了工资，而且还放弃了升职？那么做究竟有什么道理？”她祈求道。

“我知道听起来很疯狂，但是感觉如果我现在不行动，就永远不会行动了。”亚历克斯比较自信地说。

“简直是疯了……完全没有一点责任感！”金姆愤怒地说。

“你就说一句你会支持我，好不？”亚历克斯恳求道。

“我做不到，你怎么能要求我支持你呢？这完全是疯了，完全是不负责任的做法。我现在没办法讨论这件事，我必须得挂了，咱们稍后再谈吧。”金姆匆匆忙忙地说道。

“金姆，等等！……”他开始说话，不过电话已经断了。

她已经挂断了。

金姆听到这个消息后，做出这样的反应，让亚历克斯极为失望。他意识到，不应该这么早就告诉她。他应该等自己有些想法后再说。从某种程度来说，他理解她为什么会有这样的反应，金姆一直很担心是否安全。他明白为什么她认为自己的行为完全不负责任，就像他买新的敞篷跑车一样。不过这次不一样。她难道看不出来吗？尽管积极性备受打击，但亚历克斯依然觉得很自豪：自己终于要开公司了。他不得不慢慢搞清楚自己想在哪方面创业，但他希望金姆最终能够理解他的动机。

从记事起，亚历克斯就一直想要创业。他知道，此时创业，时机并不合适，但是如果没有了其他选择，他肯定得破釜沉舟，搞清楚自己想开拓哪个领域。当然，结束一段职业生涯，开办新公司，这肯定不是最合理、最实际的办法，但这就是他行事的方式——心血来潮、情绪化、依靠直觉，还夹杂着一丝疯狂。很多伟大的企业家不都有一点疯狂吗？

* * *

日子一天天过去了，亚历克斯发现自己很焦虑，没有创造力。想开公司，但他想不出合适的好点子。花了几周的时间头脑风暴，却没有哪个想法脱颖而出。他怀疑金姆说得对，或许，拒绝升职确实太冲动了，或许，他天生就不是当企业家的料。为什么他不能更清晰地看清未来的发展方向呢？在他极其低落的时候，亚历克斯拿起电话，拨通了维多利亚的号码。

他急切地想让别人倾听他的声音，理解他的想法，所以他说得又快又急。亚历克斯承认自己惊恐不安，情绪低落，感觉已经走到了失败的边缘。

“亚历克斯，”维多利亚温柔地回答说，“我为你感到骄傲。大胆尝试、追求梦想需要极大的勇气。

亚历克斯转移了话题，“金姆认为我疯了。”

“她会想通的，等着瞧吧。”维多利亚安慰道，“她最终会支持你的——只不过现在不会以你希望的方式支持你。坦率地说，创业这么大的转变很少一帆风顺，往往充满挑战，令人痛苦。这就像是登高一样，而且你必须搞清楚自己的目标是什么！我的朋友，这是个过程，你要有耐心。”

她等着他回答，但亚历克斯一直沉默不语，他感到很气馁。维多利亚追问道：“你有什么想法吗？”

“没有什么好想法。”他迅速回答说。

“在这种情况下，我发现最好的办法就是倾听你内心的声音。不要强迫自己想出很多点子，不要强迫自己列清单。这可不是脑力练习，要用心，要用情感。

“首先问问自己下面这几个问题：你对什么有激情？什么事能让你兴奋起来？生活对你有什么要求？你能做出什么与地球上其他人都不同的贡献？”维多利亚鼓励他说。

“我明白你的意思，但我不习惯那样。我必须实际一点，否则，一个月后我肯定还是毫无进展。”他叹息道。

“不是这样的，”维多利亚说，“亚历克斯，我想让你为了我尝试一件事。”

“好吧……”他回答说，并不是真心想听她的想法。

“在接下来的一个星期里，我希望你认真思考这一个问题：这个世界需要我做什么——只有我能做到而其他人做不到的事情？

“然后我希望你保持沉默，倾听你内心的声音，有任何想法都记下来。为了我，接下来的7天你能做到吗？”维多利亚问道。

“我想可以，这可不像你一贯的做法，不过你身上可没有什么一贯做法。”

“的确，我确实不是那样的人！花时间倾听你内心的想法，一周后再给我回电话。”维多利亚说。

“好吧。”他说。

起初，亚历克斯觉得这种方法太笨了。他的思维特别活跃，总是从一个话题迅速转移到另一个话题。要想不这么思考，好难。然而，当他更加专注时，他发现自己有时候百分百清醒——在淋浴的时候，在打扫厨房地板的时候，或者在晨跑的时候。想法一个接一个地呈现、积累。第五天，在开车回家的路上，他终于顿悟了。在这一刻，所有的碎片合在了一起，他能够想象出该在哪个方面进行创业了。他等不了两天了，迫不及待想和维多利亚分享他的想法。

亚历克斯拿起电话，打给维多利亚。

“你好，亚历克斯！已经一个星期了吗？“维多利亚问道。

亚历克斯兴奋地说：“不，只有5天，但我等不及和你分享我刚刚想到的主意了。”

“太好了！说给我听听。”

“维多利亚，我想开一家公司，培训人们成为陷阱学家。”亚历克斯说，“我想教人们摆脱你告诉我的那些陷阱，这将是一种迥然不同的生存训练。你觉得呢？我觉得市场可能很大！”

“亚历克斯……我喜欢这个想法。”维多利亚兴奋地说，“实在想不出比这更有创意的点子了。你本人就是很好的例子，摆脱了一个又一个陷阱，你的亲身经历会给人们带来灵感、希望和勇气。”

“所以你喜欢这个主意？”

“喜欢？怎么能这么说呢，亚历克斯，我爱死这个主意了。为什么我没有先想到这一点呢？”她开玩笑地说。停了一会儿，她又说，“我只有两个要求。”

“说吧！”亚历克斯回答说。

“首先，你得在火奴鲁鲁启动项目，你要给我机会参与这个项目。”

“嗯，这还用说嘛！”亚历克斯咧嘴一笑说，“其实我希望你能帮我教授一些陷阱学知识，毕竟你这个陷阱学大师才是原创。”

维多利亚回答说：“我愿意尽我所能来帮助你。我的第二个请求就是，请允许我成为公司的天使投资人。”

亚历克斯惊讶得下巴都要掉下来了，然后他的脸上绽开了灿烂的笑容。“你是认真的吗？你真是太慷慨了——天哪！我都不知道说什么好，太不可思议了！”

“亚历克斯，能帮你启动业务，再没有比这更让我高兴的事了！”维多利亚笑容满面地说，“此外，我觉得我们估计得正式授予你陷阱学家的称号了，我认为这是你应得的。”

“是时候了！”亚历克斯笑着说道。

“亚历克斯，咱们一个月后再谈吧，我现在得去上瑜伽课了。我还想和你分享第七个陷阱呢，你不会以为6个陷阱就完了吧？”

亚历克斯摇了摇头说：“为什么是7个呢？”

“只因为7是个神奇的数字。”

第七个陷阱：目标陷阱

一个月的时间飞逝，亚历克斯的思想活跃，不断想出很多经营业务的主意，他迫不及待地想听听维多利亚对这些主意的看法。不过，他知道，可能不会如他所愿——直接说到经营业务这件有趣的事情上。因为他们还有一个陷阱，也就是第七个陷阱要讨论。亚历克斯不知道自己想不想再听这个陷阱，他觉得自己一下子做出的改变已经够多了，他可不想承担更多责任了。

看了看表，他们约定好的联系时间刚到。他拿起电话，拨通了她的号码。就在亚历克斯以为会转到语音信箱的时候，维多利亚欢快地接了电话，“嘿，亚历克斯，你的商业冒险怎么样了？”

“一切顺利。”亚历克斯呼了一口气说，“老实说，我有点儿急于知道第七个陷阱的内容。”

“哦，别担心这个陷阱。不像我们以前谈到的其他陷阱，这个陷阱你还没有掉进去呢。咱们先讨论这个陷阱，然后再谈谈项目的事情吧。”

“你怎么猜到其实我最想谈的是项目呢？”亚历克斯开玩笑说。

“因为我会读心术，亚历克斯，是时候让你知道我的真实面貌了。”维多利亚开玩笑道。

“哇，就算这是真的，我也一点都不惊讶。”

“好吧，”她开始说道，“就像我说的，好在你还没有掉进这个陷阱，这可是个好消息。这个陷阱普遍存在，大多数人直到生命尽头才意识到它的存在。他们会觉得很奇怪，为什么从来没有人说过这个陷阱呢。可以说，这个陷阱是全世界保守得最严的秘密。”

“你的话让我期待死了。”亚历克斯叹了口气。

“哦，我做过很多临终人群的研究。”维多利亚继续说道。

“当然，这像是你做的事情。”亚历克斯记了记笔记，舒服地坐在椅子上，“到底是什么意思呢？”

“这项研究针对濒临死亡的人群（大多是老年人），研究他们认为生命中什么事情最重要。你是知道的，当一个人快要离开这个世界的时候，一切都变得清晰起来——早年看似重要的东西完全消失了，取而代之的是真正重要的事情。”

“有道理……那么他们发现什么才是最重要的呢？”

“关系！”维多利亚喊道，她的声音特别高，亚历克斯以为电话的扬声器都要被炸掉了。他把电话从耳边挪开，听到维多利亚继续兴奋地说着，他笑了。

“人际关系和经历是你唯一能够带走的东西，其他东西，诸如金钱、财产、荣誉、声誉、玩具，都得丢在一边。到头来，这些东西毫无意义，你都带不走。”

“所以我把这个陷阱称为‘目标陷阱’，其主要特征是积累——我们直到最后才发现的终极谎言。”

“最后，意思是生命结束吗？”亚历克斯问。

“是的，我就是这个意思。当然，除了你以外，你在中年时就发现这个真理了，所以我才这么兴奋呢。

“听着，我们被诱入这个陷阱的原因有很多。经过长期研究，我发现有三个原因起主要作用。

“首先，整个大环境推崇无节制的消费，我们受到了负面影响。看到别人比我们拥有的物质更丰富，我们就会认为，生活其实就是积累东西。当下推销无孔不入，我们不断被推送各种各样的信息，提醒我们需要这需要那，我们不知不觉就相信我们所听到的了。

“其次，我们相信，拥有新东西会更快乐。我们不断追求越来越多的东西，以为最终可以获得满足和快乐。

“第三，我们把拥有的财产视为衡量成功的标尺。我们陷入竞争性消费——谁拥有的东西最多，谁就是人生赢家。拥有的东西越多，看起来就越成功。”维多利亚总结道。

虽然维多利亚看不见他，但亚历克斯还是点头表示同意。

“亚历克斯，你在吗？”

“在呢，对不起。”他说，有点被吓了一跳，“我在听……我在消化你说的话。”

积累财富的心态

“那我就继续了。有问题的话，随时打断我，好吗？”

“我会的。”亚历克斯保证说。

“好了，正如我所说的，很容易陷入积累财富的竞争中去，我们开始相信积累财富就是生活的全部。”

维多利亚说：“几年前，我和罗伯因工作原因得搬到澳大利亚。空运我们的家当只需要两个星期时间，但公司付不起空运费用，只能海运。海运的价格要便宜两到三倍，但需要两个半月的时间。”她解释道。

“公司为我们提供了一个标准的搬迁方案，支付搬家需要的所有费用，包括邮寄家当的费用。不过，如果我们带的东西少，搬家费用就低，没花完的那些钱就归我们了。所以我们肯定想少带些东西，多剩点现金。我记得我和罗伯讨论过应该怎么办。你知道的，当你从世界的这一端搬到另一端时，你不得不回答一些棘手的问题，比如，‘我真的需要这个吗？’‘没有这个行不行？’和在美国国内搬家相比，我们最终带走的行李只有三分之一。

“我们当时就把觉得该卖的东西处理掉了，然后把其他东西储存起来，等回来的时候再取。等离开美国到了澳大利亚后，我们意识到，存放在美国的东西，连一件都没有想起来过。其实等从澳大利亚回来的时候，我们几乎已经忘了在那儿落了3年灰的是些什么东西了。我们把所有东西翻了一遍，决定把大部分东西送人或者扔掉，当时保存的东西最终只保留了约10%。没有这些东西，我们在澳大利亚生活得很好，回到美国后，肯定也不需要这些东西了。能够简化生活，减轻负担，感觉真好。

“我和罗伯决定，每年都要整理一次东西，就像我们又要搬到澳大利亚一样，把积攒的所有不必要的东西都捐出去或者丢掉，我家信奉的生活哲学是‘经历优先，东西靠后’。”维多利亚总结道，“移居澳大利亚永远改变了我们对财产的看法，最重要的是，帮助我们认清了生活中什么最重要。”

“哇！维多利亚，你们做的太棒了。每年评估家当的价值和重要性，我真的很喜欢这个想法。”亚历克斯说，“我敢肯定，我们家有很多东西可以处理掉，或许是现在家当的一半，至少是三分之一。”

“关键不在于留一半还是三分之一。关键在于，至少每年清查一次财产，评估哪些很重要，哪些可以扔掉。”维多利亚澄清道。

“如果东西有用，拥有这些东西本身并没有什么问题。”她继续说道，“但是，我们一生中，往往会积攒很多多余的东西，而这些东西会引起我们的注意，这就是个问题了。因为东西会坏，所以不得不花很多时间去维护、照顾。我们在东西上花的时间越多，在最重要的事情上花的时间就越少。所以，如果想花更多时间和我们爱的人在一起，有个办法就是不断处理积攒的那些没用的东西。”

“是的，你说的对我很重要。”亚历克斯说。

追求幸福

“人们陷入目标陷阱的第二个原因，是把追求幸福和买东西、积累财富混为一谈。看到别人比自己更富足，看到别人的财富和成功，就以为他们比自己更满足。这些人其实患有‘如果……那么……综合征’。下面是一些‘如果……那么……’的经典说法，大家都很熟悉：

· 如果我有那样的房子、船、木屋、玩具，或设备，那么我就会幸福。

· 如果我毕业了，开始工作了，那么我就会幸福。

· 如果我能有邻居那样的车，那么我就可以找到女朋友，我就会幸福。

· 如果我再有5万美元，那么我就会幸福。”

“等会儿，那我的敞篷车呢？”亚历克斯抗议道，“在我把车退了以前，那辆车确实让我挺开心的。如果金姆不是那么讨厌那辆车，如果我不是那么缺钱，我很长时间都会很喜欢开那辆车的。”

“很长时间吗？”维多利亚质疑道，“我有点怀疑。也就一两年时间吧，等车第一次有了凹痕或者大修一次，你对那辆车的兴趣可能就没了。我并不是说财产不能给你带来幸福，拥有的东西确实可以让你感到很快乐，只不过这种幸福不会持续太久。”维多利亚解释道。

“是呢，我想你说得对。”他承认道，“我发现，一直以来，我就很喜欢最新的产品或玩具，但一有新型号上市，我就对原来买的没什么热情了。”

“就是这个意思。长远来看，只有人际关系、经验和知识才能带给我们幸福和快乐，这些也是我们死后唯一能带走的东西，其他所有东西都得留在身后。”维多利亚重申道。有时，亚历克斯猜想她是不是能看到死后的世界。

竞争性消费

“现在我们看看这么多人掉进目标陷阱的第三个原因，也是最后一个原因。社会将成功定义为一场竞争，一场比谁积累的财富最多、最好的竞赛。如果你问人们何为成功，会听到他们谈论自己的头衔、银行账户、净资产、房子、度假屋、汽车或艺术收藏。并不是说这些事情本身就不好，”维多利亚补充道，“只是这些东西对于我们生活的重要性必须降低到合适的水平。通常，人们并不认为婚姻、家人、做出的贡献是成功的标志。他们可能会说这些事情很重要，但他们的行动却表明并非如此。”

“相反，他们把顺序颠倒了。”维多利亚说道，“他们沉迷于相互攀比积累的财富、获得的学位和攒下的金钱，以至于忽略了真正重要的东西——性格、服务、贡献、家庭和人际关系。

“不幸的是，很少有人从这个角度来看待成功。我称其为整个宇宙中保守得最好的秘密，原因就在于，我们通常要等生命走到尽头才能发现这个真理，就像晴天霹雳一般，突然意识到，自己一直在积累财富，却忽略了生活中最重要的事情。而最大的悲剧在于：等我们意识到这些才是生活的全部时，已经没有时间了。”

亚历克斯想到了自己买的跑车，意识到跑车是金姆离开他的催化剂，从中可以看出，他不考虑妻子的感受，而选择了奢侈品……他这么做有多少年了？结婚了，还像单身汉一样生活，把自己的需要放在妻子和孩子的需要之前……

维多利亚的声音打断了亚历克斯的思绪：“……所以我要告诉你顿悟式突破，使你免于落入这个陷阱……”

亚历克斯皱了皱眉头，打断她说：“等等——那传统应对方法呢？”

“哦，说得对，我操之过急了！”

传统应对方法

“传统的应对方法很简单：扩展容量，存放、维护所有东西。想想看，房屋里堆满了乱七八糟的东西，车库里塞得满满的，车都停不进去。此外，这些年来，人们对存储设备的需求大幅增长。人们正在以惊人的速度消费，他们不去仔细检视自己拥有的东西，却选择购买更多的空间来助长消费。”她叹息道。

“听你提出这个问题，我确实觉得挺让人吃惊的。”亚历克斯赞同地说，“就在上周，在上班的路上，我看到一个新的存储设备，似乎一夜之间就冒了出来。”

“我一点都不怀疑你说的。怎么管理东西呢？按照这种方法，答案就是买栋更大的房子。”维多利亚继续说道，“如果你买不起房子，那你就租个储藏设施，每个月只花40美元，对吧？”

“我明白你的意思了。”亚历克斯补充道，“这只是个管理系统，实际上并没有解决积累真正存在的问题。”

顿悟式突破

“没错，顿悟式突破则恰恰相反。顿悟式突破认为，真正的幸福不在于拥有什么东西，真正的幸福在于服务他人，做出有意义的贡献，即使我们死后，也能使他人受益，顿悟式突破认为经历比财产更重要。要认识到，拥有物质财富本身不会成为你的束缚，但让东西占有你，占据你的时间和精力，则会成为一种束缚。

“要时刻认识到这一点，整理你拥有的东西，进行简化。要问问自己，这些东西是否与你的目标一致，是否有助于你实现目标。不要关心某样东西是否有用，是否有经济价值，是否可以彰显地位，要关心这件东西是不是必不可少，是否有助于抓住重点，实现目标。

"亚历克斯，你会发现，要对生活有所顿悟，拥有的东西必须处于平衡状态。我认识一个大家庭，他们在爱达荷州的湖边有一间小屋、一艘船，还有些玩具。这绝对算是财产，需要进行大量维修养护。但是，因为有了这些特殊的财产，两代亲属有机会常常聚在一起，形成强大的家族文化。家族成员慢慢开始珍惜他们在一起的时光，所以他们的关系非常亲密。所以，这间小屋就能实现一定的目的。

"目的，意义，贡献。只有这些事情能让我们完整，让我们感到满足。"

"你说的非常有道理。"亚历克斯表示同意，"每个人都希望自己有影响力，朝着自己的目标前进。"

"没错，那么，我们为什么要等到垂暮之年才意识到这一点呢？难道看不出来，幸福源于我们为所爱的人和其他人提供服务，而不是积攒更多的东西吗？"维多利亚问道。

"临终研究……确实向我们传递了有说服力的信息。"亚历克斯陷入了沉思。

"不是吗？"她兴奋地说，"临终前，没人希望自己可以积累更多的财富，他们只会谈到人际关系、经历、亲人以及自己做出的贡献。所以，既然我们知道了这一点，就尽情享受生活，让目标成为我们生活的动力吧。"

"阿门！我完全同意。"

就像听前6个陷阱时所做的那样，在他们讨论的时候，亚历克斯一直在本子上记笔记。笔记本上写满了改变了他生活的真知灼见，他越来越珍视这本笔记，和记这本笔记所带来的成长了。

第七个陷阱：目标陷阱

为什么？

1. 我们有一种积累财富的心态：我们习惯于认为，生活的目标就是积累更多的东西。

2. 我们不断地追求幸福，我们相信，只要再获得一件东西，就会快乐。

3. 我们陷入了竞争性消费：认为购物是衡量成功的标尺。谁拥有的东西多，谁就是赢家！我们拥有的东西越多，肯定就越成功。

传统应对方法

当你拥有的东西超出你的容纳空间时，只要扩充房子和车库的存储空间就行。如果实现不了，那就租一个储藏设施，或者租上两三个。

顿悟式突破

真正的幸福源于提供服务，做出有意义的贡献，建立持久的关系。财产可以起到辅助作用，但没有人际关系重要。

维多利亚问亚历克斯："你觉得自己像个陷阱学家了吗？"

"正朝那儿迈进呢，我仍然觉得自己还有很长的路要走。"

"谢天谢地，我们还有时间，还可以继续生活、学习。"她笑着鼓励他说，"这不是旅程的终点！新的培训业务还需要你我做些事呢！"

"的确如此。维多利亚，第七个陷阱还不算太坏。其实听了这个陷阱，我如释重负，可以免得我胡思乱想。好吧，咱们开始计划咱们的新业务吧！一想到它，我就充满了希望和新的使命感，我都等不及深入交流了。你现在有时间和我谈谈吗？"

"当然！是时候开始做些有趣的事情了！"她欢呼道。

接下来的一个小时里，他们提出了各种各样的想法，好像他们已经在一起做生意很多年了一样。过去的一年里，他们一直保持联系，正是这种联系让他们成为业务伙伴，并让他们相互信任，相处融洽。当他们最后说再见的时候，维多利亚问起了金姆和孩子们。亚历克斯匆匆回答“他们挺好的”，就把话题敷衍过去了。

“好吧，请代我向他们问好。”

“嗯，谢谢你，维多利亚。”

| 第三部分 |

惊喜的完美之旅

PART 3: THE PERFECT TRIP

两个月的时间一闪而过。亚历克斯来到了火奴鲁鲁，准备公司的项目启动会。他把启动会安排在孩子们的春假期间，这样他们也能一起来。自从公司成立以来，劳拉一边完成高三学业，一边在公司做兼职，她的职责是负责项目的后勤工作。迈克尔是来晒太阳、冲浪的。幸运的是，他们提前几天抵达，有足够的时间准备这次盛会。再次身处夏威夷，亚历克斯不禁想起他和金姆分居已经一年了。这一年他的变化好大呀！他几乎认不出自己了。12个月终于过去，他感到如释重负。

由于亚历克斯将在酒店举办培训项目，他们的房间升级为漂亮的两居室套房，从房间里就可以俯瞰大海。蓝绿色的海水一望无际，棕榈树在微风中轻轻摆动，亚历克斯发现，看着海浪起起伏伏还是那么迷人。

打开手提箱，把衣服从里面拿出来，放进梳妆台的抽屉里。迈克尔和劳拉一扔下包就跑了，比赛看谁能以最快的速度跑到游泳池。一个人安静一会儿真好！正想着，电话响了。亚历克斯吓了一跳，接起电话，打了个招呼。

“嗨！”金姆欢快地说。

“哦，金姆，好啊。有什么事吗？一切都好吗？”

“再好不过了，我只是想祝这个项目一切顺利。”

“谢谢！你打电话来真是太好了，我们预计会有很多人参加。”亚历克斯乐观地说。

“真是个好消息，有多少人要来？”她问道。

“根据最后一次统计，我想是48个人。”

“好吧，”金姆慎重地说，“不知道你有没有办法再安排一个人参加呢？”

“或许可以。确实通知得比较晚，我得和劳拉商量一下，看能不能再增加一个名额，是给谁的？”亚历克斯问道。

“我！”金姆喊道。

“什么？你是认真的吗？就为了参加项目，你专门飞一趟来夏威夷吗？”亚历克斯问道。

“嗯，不，我是说，当然，但是……亚历克斯，我想和你复合。”金姆还没有想好，这句话就脱口而出。

亚历克斯的心开始怦怦直跳，这一切一定是他想象出来的。

“你说什么？”他终于大声叫了出来。

“你没听见我刚才说的话吗？”她紧张地问。

“有那么一会儿，我还以为自己在做白日梦呢。”他喘着气说。

“亚历克斯，我想我们再成为一家人。”

亚历克斯仍然很震惊，他发现自己说不出话来，金姆继续说道：“孩子们把你的改变都告诉我了，我感觉很吃惊。迈克尔告诉我，你在家里像弗罗伦斯·南丁格尔一样，忙里忙外的。你特别支持他们，支持他们追求自己的兴趣爱好。债务蛇那件事做得太棒了！我简直不敢相信，咱们的信用卡债务这么快就要还清了！ 从来没有想到，一个人可以在这么短的时间内做出如此巨大的改变。太了不起了！不过，我感觉时间可不短，像是过了好几年。”她紧张地说下去。

亚历克斯曾经以为，与金姆的和好之路一定会走得漫长而艰难。从某些方面来说，的确如此。然而，她却突然出现在这里，说她想回来？他彻底惊呆了。

正发着呆，金姆的话让他清醒过来，“最重要的是，我想念和你在一起的日子。没有你，我感觉特别孤独。”

亚历克斯还是不知道该如何回应。金姆激动得声音都沙哑了，“亚历克斯，我现在终于意识到我有多爱你。”

他的眼里饱含泪水，“金姆，我也爱你。”

“只要听到这句就够了。现在你开门好吗？”

“什么？”他困惑地说。

“开门！”她重复道。

“什么门？”

“亚历克斯，打开你房间的门。”她坚定地说。

亚历克斯把电话扔在地上，几步跳到门口，把门打开。金姆站在那里，看起来和以前一样美丽。

“金姆，”他气喘吁吁地说，“真不敢相信你在这里！”

她扑倒在他怀里，情不自禁地哭了起来。他们在那里站了很长时间，谁也不愿意打断此时此刻。最后她退后一步，抬头看着她的丈夫。

“我再也受不了了，”金姆解释说，“我没有细细考虑就上了飞机。”

“那你的工作呢？你热爱这份工作，金姆，你不能放弃。”亚历克斯提醒她道。

“我知道，我知道，”她擦去脸颊上的泪水，安慰他说，“我还没有把细节想清楚，不过我相信，咱们总能找到方法。”

亚历克斯把她拉到自己身边说：“孩子们知道你在这里吗？”

“他们不知道。”金姆抬头看着他，咧开嘴笑道。

就在这时，他们听到孩子们唧唧喳喳的声音从大厅里传来。

“嘿，你们两个！”金姆微笑着，张开双臂。

“妈妈？！”他们同时尖叫着，跑着穿过房间，他俩热情的拥抱差点把金姆撞倒。亚历克斯也拥抱了他们，很快他们就又哭又笑的。

“妈妈，你在这儿干什么？发生什么事了？爸爸，你也参与密谋了吗？你知道她要来吗？”这些问题一股脑儿冒出来，都来不及回答。

金姆紧紧地抱着他们。

“我怎么允许自己的生活里这么久没有你们呢？”

那天晚上他们没有出去吃饭，而是让酒店把饭送到客房，这顿饭味道特别好。对于他们来说，在分开这么多月后，能够一家人在一起吃顿饭，所有伤痛都愈合了。

那天晚上稍晚些时候，亚历克斯和金姆沿着海滩散步。让亚历克斯吃惊的是，简简单单的牵手，竟然有如此重大的意义。他们俩都喜欢踩着柔软的沙子的感觉，也喜欢涨潮时浪花轻轻拍打的感觉。内心深处，亚历克斯感到平静和感恩。他知道他再也不会把妻子或孩子视作理所当然了。

* * *

两天后，培训项目要开始了，一切都准备好了。项目为期一天，后期还有辅导课程，为期7个月，每个月辅导一个陷阱。亚历克斯、维多利亚和劳拉迫不及待想看看他们努力的成果。金姆不禁为集体的创造力而惊叹，正是这种创造力让想法变成了现实。

起初，他们预计大约会有30个人参加。但等注册结束时，已经有48个人注册，甚至还有人报名下一期项目的等待名单。

开学典礼前一小时，劳拉正忙着核对学员的名字标签，读到其中一个名字时，她停了下来，走到父母和维多利亚站的地方。

“爸爸，你以前不是经常和一个叫查尔斯·米切尔的人一起工作，一起打高尔夫球吗？”

亚历克斯瞅了一眼标签说：“什么？不可能。”他面对维多利亚和金姆，喊道：“查斯也参加了这个项目！这多疯狂呀！”

金姆翻了个白眼，维多利亚会意地向亚历克斯眨了眨眼。项目即将开始时，查斯大摇大摆地走进房间。他身上晒成小麦色，穿着一件亮得刺眼的阿罗哈衬衫，雷朋太阳镜架在头顶。他走到他们面前，觉得维多利亚正是他要找的人，他高傲又客气地说：“那么，你是维多利亚，就是你把亚历克斯的世界弄了个天翻地覆？”

“确是在下，”维多利亚亲切地微笑着说，“为什么不坐在我丈夫罗伯和我旁边呢？”

他们说话的时候，金姆和亚历克斯不得不微笑着，兜兜转转，又回到了原点。

看着满屋子的人，亚历克斯心中充满了感激之情。他自信地站在大家面前，想到未来的种种可能，备受鼓舞。

“女士们，先生们……欢迎来到陷阱故事，这个研讨会上所说的人物并不是虚构的。

“事实上，你们对这些人非常了解，只要照照镜子就行。”

陷阱学家的工具箱

■ 陷阱的四个特点

1. 诱惑性——陷阱会不知不觉将你引诱进去。
2. 欺骗性——短期的满足会导致长期的痛苦。
3. 难摆脱——就像流沙一样，一旦落入陷阱，就很难跳出来，需要使用非传统的方法才能逃出陷阱，并留在外面。
4. 限制性——陷阱会阻碍你朝着目标前进。

■ 进阶的四个阶段

1. 痛苦——陷阱造成的可怕现实。
2. 认识——意识到自己陷在了一个陷阱里。
3. 成功——实施策略让自己摆脱陷阱。
4. 蓬勃发展——一旦你从陷阱中解脱出来，你所取得的进步。

陷阱学：研究陷阱的学问。

陷阱学家：善于发现并远离陷阱的专家。

顿悟式突破：顿悟是指非常规的智慧或见解，突破是由顿悟引发的在行为上的突破。

反转陷阱：通过做相反的事情把陷阱颠倒过来。

七个陷阱的启示

第一个陷阱：婚姻陷阱——已婚人士却像单身汉一样生活

我们落入这个陷阱的核心原因

1. 认为自己比另一半更有教养。
2. 没能把思维模式从“我”切换到“我们”。
3. 不愿意改变，或者说，只有对方改变了，我们才愿意改变。

顿悟式突破：为恋爱双方/夫妻双方创造共同的愿景，并共同确定实现目标的途径。

行动步骤：写下来，务必要记住你和伴侣达成一致的事情：

1. 怎么花钱、理财？
2. 如果有孩子，该怎么抚养孩子？
3. 两个人在家里分别扮演什么角色？两个人都工作吗？怎么分担家务？怎么管理家事？

反转陷阱：当你们在相处中出现分歧时，问问对方这个问题究竟有多重要。可以从1到10打分（1表示根本不重要，10表示非常重要），评估时要诚实。如果你的伴侣给这件事打分打得比你高，那就让他/她按照自己的方式去做。

为什么当下会存在这样一个陷阱呢

- ❑ 一半的劳动力是职业女性。
- ❑ 不能依赖老旧的方式——过去的文化规范做事，究竟该承担什么样的角色，需要协商，尤其在做家务方面。
- ❑ 分居和离婚已然很普遍。
- ❑ 在网上交友更容易。
- ❑ 独立生活更容易，伴侣们不必什么事情都一起做。

关于婚姻陷阱的问题

1. 在婚姻/关系中，我们是一个团队，还是更像两个单身汉？

2. 我们对于共同创造怎样的生活有共同的愿景吗？未来有什么让我们兴奋呢？我们的目标是什么？

3. 我们成长的方式有何不同？在我们的关系中，这些不同体现在哪里？我们希望传给下一代的最积极的东西是什么？

4. 如果我们有了孩子，我们抚养孩子遵循什么理念？我们的育儿理念有何不同？我们怎样才能成为一个更团结、更有效的育儿团队？

5. 如何分配家务？我们俩都对安排满意吗？如果不满意，我们以什么样的程序解决不公平的问题？

学习日记

·我从这个陷阱中得到了什么启示？

·下一步我将采取什么措施，将这些启示应用于生活？

第二个陷阱：金钱陷阱——债务的流沙

我们落入这个陷阱的核心原因

1. 对金钱过于短视，导致我们活在当下。

2. 我们陷入了竞争性消费，想要和身边的人攀比。

3. 我们拒绝承认现实，认为最坏的情况不会发生在自己身上。

顿悟式突破：把还债变成一个游戏，一个有趣、能够调动起积极性的游戏。做一个记分板，放在家里，让家庭成员们都参与其中。

行动步骤：创造你自己的“债纸蛇”。

注意：“债纸蛇”只代表一种方法，发挥你的创造力，制作独特的记分板来激励自己。

反转陷阱：

在还清债务后，把原来用来还债的钱用于培育你的“基金树”，树有3～4根枝丫，分别代表：

1. 现金储蓄

2. 投资

3. 子女教育基金（如适用）

4. 退休基金

为什么现在债务会成为一个陷阱呢

- ❑ 容易获得信贷。
- ❑ 无休止的广告和诱惑。
- ❑ 钱不再是实实在在可触摸的——钱好像变得不真实了。

关于金钱陷阱的问题

1. 如何直观地跟踪我的财务情况？我可以创造自己的“债纸蛇”，或者是类似的东西来激励自己吗？
2. 为了更好地实现我的财务目标，我可以把什么东西从生活中砍掉？为了摆脱债务，我需要怎样改变消费习惯？
3. 如果我没有负债，可以采取什么行动来利用复利的力量？

学习日记

· 我从这个陷阱中得到了什么启示？

· 下一步我将采取什么措施，将这些启示应用于生活？

第三个陷阱：
专注陷阱——陷入一团乱麻的琐事中

我们落入这个陷阱的核心原因

1. 事情实在是太多了——我们没有把那些值得付出时间、精力和注意力的事情过滤出来。
2. 我们生活在电子世界里，时时刻刻与网络互联——在电子世界，大多是些琐碎无聊的小事。
3. 我们缺乏耐心，希望能够随心所欲——事情立马就办，东西伸手即来，没希望更快就不错了。我们没能意识到，或者说忘了，生活中最美好的事情需要时间的沉淀，不可能瞬间实现。

顿悟式突破：只有意识到我们不可能做到所有事情后，才能实现顿悟式突破。我们必须把不重要的东西过滤掉，从琐事中脱身，学会拒绝，这样才能对我们最珍视的东西投入更多。

行动步骤：每季度检查一次，确定自己是否被这个陷阱诱惑，是否偏离了目标。

反转陷阱：腾出一个星期的时间或安排一次假期，完全与互联网、电子邮件和电子世界隔离，你感觉怎么样？你想多久这么来一次？

为什么现在这成了一个陷阱呢

- ❑ 现在吸引我们注意力的东西比以往更多，要读、要听、要看、要做的东西太多了。

- ❑ 技术的设计方式就是为了吸引我们的注意力，而且迫使我们不得不做出回应。完成游戏中的一项任务或收到某人的信息后，大脑中产生的多巴胺激增。
- ❑ 不管是工作还是生活，别人期望我们永远在线，随时能联系到我们。
- ❑ 电脑/手机现在有双重用途，既能工作又能娱乐，但界限很容易模糊，可能会互相干扰。
- ❑ 当今世界，熙熙攘攘，更难区分什么重要，什么不重要。
- ❑ 有无数种办法可以娱乐，分散我们的注意力。

关于专注陷阱的问题

1. 我有计划来去掉生活中不重要的事情吗？如何保持自己沿着正确的方向前进？我该如何应对干扰？我该如何应对不可避免的危机？
2. 我每天在屏幕前花多长时间？其中，有多长时间有用，有多长时间无关紧要？
3. 我为什么会陷入一团乱麻的琐事中？最浪费我时间的是什么？如何减少或消除对我生活的影响？
4. 怎样改变工作环境和日程安排，才能减少花在琐事上的时间呢？哪些坏习惯或不必要的会议妨碍了你？

学习日记

·我从这个陷阱中得到了什么启示？

·下一步我将采取什么措施，将这些启示应用于生活？

第四个陷阱：
改变陷阱——拖延，成长和转变的杀手

我们落入这个陷阱的核心原因

1. 改变很难，过程很痛苦，让人很不舒服。
2. 我们会忍不住尽可能拖延，推迟改变。
3. 作为完美主义者，我们信奉这样的生活准则："如果做不到尽善尽美，那我还不如不试。"

顿悟式突破：在良知的指引下勇敢地改变，而不要等形势所迫时才不得不行动。

行动步骤：当你需要做出关键决定时，停下来，聆听你的良知，然后反思一下,终其一生，你都要利用好这个资源。

反转陷阱：以教养和良知作为引领内心和人生方向的指针。

为什么当下改变成了一个陷阱呢

- ❑ 有这么多干扰因素，我们更容易拖延。
- ❑ 更难区分真实的我们和别人眼中的我们。
- ❑ 反正我们并不完美，为什么改变呢？有什么意义呢？

关于改变陷阱的问题

1. 我是否已经深入思考过我需要做出哪些关键的改变？是什么妨碍我

做出这些改变？什么支持系统（包括家人和朋友）可以支持我做出必要的改变？

2. 我一直在推迟做出哪些改变？是什么情况或信念阻碍我采取行动？我会因为良心发现而改变吗？还是我必须等到形势所迫才改变？
3. 我有完美主义倾向吗？如果是这样，完美主义如何妨碍我在生活中做出必要的改变？我能做些什么来克服这种倾向呢？

学习日记

· 我从这个陷阱中得到了什么启示？

· 下一步我将采取什么措施，将这些启示应用于生活？

第五个陷阱：
学习陷阱——错误，为什么我们都弄错了

我们落入这个陷阱的核心原因

1. 不对自己的选择负责，我们掩盖自己的错误，重写自己的经历，而不是承认错误，对错误负责。
2. 我们将错误看作是性格缺陷，而没将其看作学习过程的一部分。
3. 我们想给别人展示一定的形象。如果其他人看到我们的缺陷，我们想要展示的形象就被损坏和玷污了，我们本能地想要保护这个形象。

顿悟式突破：要像对待最终结果一样，为付出的努力、走过的路、经历的过程而庆幸、庆贺。错误有益，不要隐藏错误，要从错误中吸取教训。

行动步骤：每季度检查一次，看看你能不能肯定地回答这三个问题：

1. 当我犯错误时，我把它看作是一个学习机会了吗？如果是的话，我从中学到了什么？
2. 人类要经过不断试验、犯错，才能成长，我在生活中是否也遵循同样的准则？
3. 许多伟大的创新都是不懈努力、不断失败后才实现的（想想爱迪生和灯泡）。事实证明，这种方法行之有效，我在个人生活和职业生涯中应用这种方法了吗？

反转陷阱：鼓励别人接受他们的错误，成为家庭和组织变革的催化剂，将始终如一地实践这些原则的人视为典范。

为什么对待错误会成为陷阱呢

- ❑ 社交媒体崛起后，别人的生活似乎很精彩，而我们的生活似乎很平淡乏味，所以我的形象必须和真实的我不同，或者要比真实的我更好。
- ❑ 因为其他人看起来都很完美，我必须隐藏或粉饰自己的错误或缺陷，以求不被人发现。

关于学习陷阱的问题

1. 想想最近犯的一个错误，我是否试图否认错误，是否为自己辩解，是否想让错误看起来很小，是否试图隐藏错误？我意识到自己在做这样的事情了吗？如何能把犯的下一个错误变成前进的垫脚石呢？
2. 我是否揪着自己过去犯的错误不放呢？是否因此而自责呢？我学会原谅自己了吗？是什么阻碍了我？当我面对艰难的挑战时，如何鼓励自己才能高效地克服困难呢？
3. 怎么做才能帮我的家人更注重努力和成长，而不是结果呢？我该做什么来帮助我的工作团队呢？我该如何鼓励别人接受错误呢？

学习日记

· 我从这个陷阱中得到了什么启示？

· 下一步我将采取什么措施，将这些启示应用于生活？

第六个陷阱：
事业陷阱——行动起来，
或者丧失对工作的灵感和激情

我们落入这个陷阱的核心原因

1. 在经济上依赖于工作收入。
2. 工作环境不能鼓舞人，不能让员工做最好的自己，因此，我们失去了灵感和激情，勉强接受了这样的生活。
3. 当短期工作变成长期工作，我们就进入了职业舒适区。

顿悟式突破：从事能满足成功职业四个维度的工作：经济、思想、激情和目标。

行动步骤：每季度评估一次这四个维度是否已被彻底激活，最好通过对以下四个问题的肯定回答来确定：

1. 我拿到的报酬公平吗？（经济）
2. 工作中用到我的创新能力了吗？（思想）
3. 我对工作有激情吗？（激情）
4. 我在工作中做出贡献了吗？（目标）

如果其中一个或几个问题你给出了否定的回答，那就试着对所在的工作环境施加影响，这样你就可以一直给出肯定的答案。如果评估了好几次后，你仍然不能给出肯定的答案，那就考虑换个单位，或者是换个职业。

反转陷阱：帮助其他人使用这四个问题进行评估，帮助他们在工作中找到激情和灵感。

为什么这点成了一个陷阱呢

- ❑ 我们能够找到同时满足这四个维度的工作，成就成功的职业生涯。
- ❑ 当下职场竞争激烈，除了全心全意投入工作，我们不应该接受任何不敬业的情况。

关于事业陷阱的问题

1. 我的工作报酬公平吗？为什么？如果我没有得到公平的报酬，将来会不会有所改变？为什么我的工作价值被低估了呢？我可以施加一定的影响吗？应该找一个更看重我工作的职位吗？
2. 我上班的时候，不得不克制自己的想法吗？人们会询问我的观点吗？人们倾听我的意见吗？重视我的意见吗？
3. 我的公司尊重我吗？我喜欢和别人一起工作吗？工作上的这些同事对我来说有多重要呢？我觉得自己是公司里面有价值的员工、同事和合作伙伴吗？有没有一个导师支持并鼓励我做最好的自己？
4. 我希望人们记得我职业生涯中的什么事情？我为能在这家公司工作而自豪吗？我工作中最看重的是什么？当我退休时，会为自己做出的贡献感到骄傲吗？

学习日记

· 我从这个陷阱中得到了什么启示？

· 下一步我将采取什么措施，将这些启示应用于生活？

第七个陷阱：
目标陷阱——囤积，
许是直到人生尽头才会发觉的终极谎言

我们落入这个陷阱的核心原因

1. 有一种积累财富的心态：我们习惯于认为，生活的目标就是积累更多的东西。
2. 不断地追求幸福，我们相信，只要再获得一件东西，我们就会快乐。
3. 陷入竞争性消费：认为购物是衡量成功的标尺，谁拥有的东西多，谁就是赢家！拥有的东西越多，肯定就越成功。

顿悟式突破：真正的幸福源于提供服务，做出有意义的贡献，建立持久的关系。财产可以起到辅助作用，但没有人际关系重要。

行动步骤：每年花一天时间梳理一下你的家当，要像你准备搬到很远的地方去一样，把积攒的不能增值的东西捐掉或丢掉。

反转陷阱：修复一段破碎的关系，或者巩固好与在意之人的脆弱关系。

为什么现在这成了一个陷阱呢

- ❑ 现在，我们面临的选择比以往任何时候都要多，所以人们更容易积攒东西。
- ❑ 积攒东西等同于成功，至少我们习惯于这样认为。
- ❑ 我们生活在一个物质丰富的世界，可以获得好多东西。

- ❑ 广告商越来越擅长于利用我们的情绪，从而说服我们积累更多的东西。

关于目标陷阱的问题

1. 如果我要搬到世界各地，我会带什么？会留下什么？我现在能从生活中把这些东西清除掉吗？
2. 回想一下我最近买的东西，哪些真的为我的生活增加了价值？哪些没有呢？从中我有没有学到未来买东西时该如何做决定？
3. 带给我快乐最多的是哪些人？我花了多长时间和他们在一起？
4. 我最珍贵的记忆是什么？我能做些什么来创造更多这样的记忆呢？

学习日记

· 我从这个陷阱中得到了什么启示？

· 下一步我将采取什么措施，将这些启示应用于生活？